JN111093

中小企業・個人経営者のための

大逆転できる！孫子のビジネス法則

中国思想研究家
経営コンサルタント
「孫子の兵法活用塾」代表
たなかとしひこ

standards

はじめに　中小企業経営者と店舗経営者のための『孫子』

中国で2500年前に書かれた兵法書『孫子』（孫子の兵法）は、現代でも多くの経営者・ビジネスパーソンに読み継がれています。

そのなかには、誰もが知る名経営者や成功者も多く含まれています。たとえば有名なところでは、**孫正義**や**ビル・ゲイツ**が「孫子の兵法」を愛読し、経営に役立てていることはよく知られています。

ほかにも、政治家、スポーツ選手、芸能人など、幅広い分野のリーダーに支持されています。時代を超え、国境を越え、戦略立案の教科書として使われてきたのが「孫子の兵法」なのです。

そんな「孫子の兵法」に関する本は多数出版されていますが、原文を和訳し、その歴史上の意義を論じたものが中心といえます。

そこで本書では、現代の経営者や成功者、歴史に名を残した英雄が「孫子の兵法」をどのようにして学び活用したのかを、著者自身のコンサルティング経験とクライアントの成功実例に結び付けながら、解説していきます。**特に、実際に中小企業や店舗を経営している経営者の方に役立てていただくことに焦点を合わせています。**

◆会社勤めしながら中国古典や占術を研究

簡単に自己紹介をさせていただくと、私、たなかとしひこは、中小企業や個人事業主向けの経営コンサルタントとして、「孫子の兵法」のノウハウを活用して経営課題の解決をお手伝いしています。また、中国思想研究家でもあり、「孫子の兵法活用塾」の代表も務めています。

十代の頃から中国古典に興味があった私は、『孫子』をはじめ『論語』『老子』『孟子』『菜根譚』『大学』『中庸』などの名著を読み、中国の曲阜(きょくふ)師範大学に行き、講義を受けた経験もあります。

一方、心理学や占術にも興味があり、通信会社に勤務しながらメンタルセラピーや風水、ホロスコープなどのあらゆる占術を学びました。

その研究成果をホームページやブログに投稿するうちに、人生相談、引っ越し、事務所移転、開業・新規事業、経営改善などの依頼・相談を受けるようになり、副業としてアドバイスをするようになりました。

多い時には年間2千件以上の相談を受け、年間50～80件の講演やイベントをこなしていました。

◆孫子の兵法を活用したコンサルティングが大きな効果を発揮

困っているクライアントを助けたい。そんな思いで私は、ドラッカーやランチェスター戦略などの経営書から、ダイレクトマーケティング等の最新ビジネス書、中国古典、経理や心理学まで、あらゆるジャンルの本を読み答えを求めました。

そこで再確認したのが、「孫子の兵法」のすごさです。

「孫子の兵法」に書かれていることをベースに解決策を提案したところ、さまざまな経営の問題に対して効果が発揮されたのです。

特に、小規模・店舗の戦略立案や売上アップ、人材育成などには、「孫子の兵法」の教えが大いに有効であることがわかりました。コンサルの効果が出ることは、私にとっても大きな達成感を得ることにつながりました。

「孫子の兵法」は、戦に勝つために書かれた兵法書ですが、現代の経営においても一番優れている指南書なのです。

そこで2009年より、「孫子の兵法」をベースとした経営コンサルティングに集中するようになりました。

現在では、飲食店やエステサロン、整体サロン、アパレルショップなど、全国の小規模企業や店舗に対してサービスを提供しています。

また、商工会議所や青年会議所、各自治体、各企業などでの講演・セミナー、イベント出演も行っています。

たとえば、あるラーメン店のクライアントは、かつて繁盛していたものの、今は閑古鳥がないている状態で、私のところに相談にきました。

実際に店舗に足を運んでみたところ、確かに惨憺たる有様でした。店舗の様子がわかりづらいし店員のサービスにも活気を感じない。昼時なのにお客様も1人か2人しかいない。

そこで私は、「孫子の兵法」に従い、まずは「勢い」をつくり出すことによってお客さんを呼び寄せることが大事と考え、いくつかの施策を実施しました。その結果、その中華料理店はお客様を呼び込むことに成功し、かつての繁盛店の活気を取り戻したのです。

このような、「孫子の兵法」をベースとした経営改善のノウハウを本書では解説していきます。

第1章では、**「孫子の兵法」の概要**を説明します。

第2章では、**「孫子の兵法」のなかでもビジネスに活用しやすい代表的なフレーズについて、**その内容を活用ケースとともに解説します。

第3章では、**ライバルに勝つために、「孫子の兵法」を使ってどのように動けばいいのか、**具体的な戦略を考えていきます。

第4章では、**「孫子の兵法」と現代のビジネス理論を融合させた、ソフトバンク孫正義氏の「孫の二乗の兵法」について、**嚙み砕いて、分かりやすく解説します。

第5章では、**私がクライアントに対して、どのようにして「孫子の兵法」を活用して業績を上げる方法を提案しているのか、**事例をご紹介します。

この本が、企業・店舗経営や組織運営に悩んでいる皆さんのお役に立つことができれば、筆者として大きな喜びです。

たなかとしひこ

目次 contents

第3章 ライバルに勝利する5つの極意《天・地・人・形・勢》

第4章 実践者・孫正義の「孫子の兵法」

第5章 「孫子の兵法」で飛躍した中小企業

おわりに

第1章 「孫子の兵法」とは何か？

01 「孫子の兵法」成り立ちと魅力
02 日本の歴史のなかでの「孫子の兵法」
03 現代のリーダーと「孫子の兵法」
04 「孫子の兵法」の構成

01 「孫子の兵法」成り立ちと魅力

◆2500年にわたり生き続けてきた兵法書

この章では、まず「孫子の兵法」の全体像について理解していただくために、書物全体の構成を見渡し、この兵法が書かれた歴史的背景や日本への影響について解説していきます。

「孫子の兵法」とは、『孫子』という書物に書かれている、戦に勝つための考え方や戦略のことを言います。

『孫子』は今から約2500年前（紀元前500年頃）の中国、春秋時代に、呉の王・闔閭（こうりょ）に仕えた軍師・孫武（そんぶ）が書いた兵法書で、『孫子兵法』『孫子十三篇』とも呼ばれています。このことを通称「孫子の兵法」と呼んでいるわけです。

『孫子』を著した孫武は、紀元前535年頃に生まれたといわれ、儒教の始祖・孔子（こうし）や、仏教の開祖・釈迦と同時代で活躍しました。

なお孫子の「子」は男性を呼ぶときの尊称としても用いられます。つまり孫子は、「孫先生」という意味ととらえられます。

◆七大兵法書のひとつ

中国には、「武経七書(ぶけいしちしょ)」と呼ばれる、古典を代表する七つの兵法書がありますが、そのなかでも、後世へ与えた影響が圧倒的に大きく、最も有名なのが『孫子』です。

兵法書とは、戦争における兵の使い方や戦い方を説いた書物のことを指します。つまり、戦争のマニュアル本です。

『孫子』が世に出て以来、『三国志』で有名な曹操をはじめ、さまざまなリーダーたちが実際にこの兵法を戦争で活用してきました。

中国国外にもその影響は広がり、日本では武田信玄、徳川家康などの武将もこれを学んだとされます。また、『孫子』は各国の言葉で翻訳され、アメリカやヨーロッパなどにも広まっていきました。

そして現代では、戦争ではなく経営やスポーツの戦略指南本として、リーダーに限らず一般のビジネスパーソンまで幅広い人に愛読されています。今も書店に行けば、関連書が多く置いてありますね。

古典的名著と呼ばれるものはたくさんありますが、これほどまでに長い間、世界中の人々に読まれ続け、かつ今も色あせない。そんな本は、『孫子』を置いて他にないのではないでしょうか。

◆短いフレーズのなかに本質を凝縮

なぜ、『孫子』が多くの人に愛され続けてきたのか。力強く、本質をついた言葉で書かれていることも、その理由のひとつです。

たとえば、誰もが聞いたことのあるフレーズに**「戦わずして勝つ」**があります。

これは『孫子』に書かれている言葉そのものではありませんが、『孫子』の中にある次の一節が短くなったものです。

「この故に百戦百勝は善の善なる者に非ざるなり。戦わずして人の兵を屈するは、善の

善なる者なり」

(百回戦って百勝するのは最善の策とはいえない。実際には戦わずに敵を降伏させることが最善の策である)

(第三章「謀攻篇」)

『孫子』はこのような短く印象深い文章で構成されています。章立てとしては、序論の「計篇」から最後の「用間篇」まで全13篇。全体でも約6000文字というコンパクトなボリュームです。

『論語』や『易経』など中国の他の古典も同じように、短いフレーズを集めた書物ではありますが、全体の文字数では『孫子』より何倍もボリュームがあるものがほとんどです。

『孫子』は、ワンフレーズが短く、全体としても短い。それでいて、後世にまで受け継がれるような、本質的で人の心を打つ言葉がたくさん述べられています。

戦争のために書かれた書物ですが、経営にもスポーツにも参考になるし、生きる指針としても活用できる。短いから何度も繰り返し読めて、読む度に味わいがある。

そんな書物だからこそ、これほどまでに世界で人気を集めているのだといえます。

本書で興味を持ったら、ぜひ原文を読んでみることをおすすめします。

◆孫武は非情なリーダーだった？

中国前漢時代の歴史家・司馬遷の書いた『史記』は、「本紀」１巻から「列伝」70巻まで全１３０巻という膨大な内容で構成される歴史書で、皇帝・王・家臣など歴史上の人物の逸話をまとめた体裁をとっています。

その列伝65巻「呉起孫子列伝」に、「孫子の兵法」の作者である孫武のエピソードが掲載されています。

呉王・闔閭の側近である伍子胥（ごししょ）が、「孫子の兵法」を気に入り、その作者である孫武を登用するよう王に進言しました。伍子胥は7回にわたり登用を薦めたといいますから、熱心な孫武ファンだったわけです。

王も「孫子の兵法」を読んで孫武の才能を認め、孫武を宮中に呼びました。そして、宮中にいる女性を使って、兵法がどのようなものか試すよう、孫武に命じました。

そこで孫武は女官180人を集合させ、これを2つの部隊に分け、王の寵愛している2人の女性をそれぞれ隊長に任命し、軍事訓練を始めました。

孫武は、太鼓の合図に合わせて左や右を向くように命令しましたが、隊長に任命した2人の女性をはじめ女官たちはケラケラと笑っているだけで、真面目に従おうとはしません。

これを見て孫武は、「命令が上手く伝わっていなかったのは私のせいだ」といい、もう一度丁寧に、太鼓の合図に合わせて動くよう説明しました。

説明の後、太鼓を鳴らし訓練を再開しましたが、女たちは先ほどと同じく、笑っているだけで何も実行しません。

これを見て孫武は、「命令が伝わっているのに実行されないのは、隊長の罪である」と、王の寵愛している2人の女性を斬ろうとしました。

王は慌ててそれを止めようとしましたが、孫武は「この隊の将軍は私です。戦の最中は将軍が責任者であり、いくら王様の命令でも従うことはできません」と言って、隊長の首を2人とも斬ってしまいました。

会場は静まり返りました。そして、孫武は隊長を選び直して訓練を再開しました。孫武が号令を発したところ、さすがに今度は全員一糸乱れずに号令に従ったそうです。

王は寵愛している2人の女性を失いましたが、孫武の指導者としての才能を高く評価し、将軍に任命したのでした。

◆松下幸之助も認めた、人間の本性を見抜く孫子の才能

この非情と思えるエピソードからは、組織を動かすためには適切な命令を下す必要があることや、それを徹底させることの重要さを理解することができます。また、現場の最高責任者であるリーダーが威厳を保つことの大切さが伝わってきます。

パナソニック創業者の松下幸之助氏はこのエピソードを気に入り、著書のなかで次のように紹介しています。

私はこの話を聞いて、その巧みな人心のとらえ方を非常におもしろいと思った。もちろん、このようなやり方をそのまま現代にあてはめるのは当を得ないことであるけれども、ことの基本については今日もすこしも変わりはないと思うのである。

つまり人間には、〝こわさ〟というか〝おそれ〟というものが、ある程度必要という

ことである。

『なぜ』（松下幸之助／文春文庫）

そして松下幸之助氏は、「怖い」他者がいるからこそ、それぞれが自分の責任をきちんと果たすことにつながると説明しています。

たとえば子どもは、親が怖ければ悪さをしなくなります。その親は会社に行って、社長のことを怖いと感じるゆえに、仕事に精を出します。

社長は怖いものがないかといえばそうではなく、株主や世間が怖いから、株主や世間に認められようと自分の責務を全うしようとします。

自分で自分をコントロールすることは簡単そうですが、実のところ難しいもの。**しかし、怖いものがあれば、人間は自分自身も他人も律することができるというわけです。**

そして松下幸之助氏は孫武を、「人間の本性をよく見抜いていたと言える」と評価しています。

現代においては、怖さで相手を動かすなどというと、「コンプライアンスに反している」

とか「パワハラ」などと言われてしまう可能性もありますが、松下幸之助の言うことも一理あります。

自分や他人の責任を明確にして、その責任を全うできない場合には思い切った罰を与えることも組織運営においてはやむなし、ということなのでしょう。

私は孫武のエピソードを知った時に、「訓練に従わないくらいで女性の首を斬るなんて、なんて非情なのか」と思いましたが、松下幸之助のとらえ方を知って、考えを改めました。

◆実は人材を大切に扱った人だった

ただし孫武は、自分や他人に対して厳しいだけの人ではありません。『孫子』のなかには、人材を大切に扱えと教える一説もあります。

「卒を視ること嬰児の如し、故にこれと深谿に赴くべし」

（第十章「地形篇」）

（兵士たちのことを赤ちゃんのように扱う、だから、一緒に深い谷底にでも行くことが

できる）

詳しい解説は後の章で行いますが、兵士を赤ちゃんのように、我が子のように大切にしろとも言っているのです。

武田信玄も同様の考え方を持っています。

戦国屈指の最強軍団を作りあげた武田信玄は、風林火山の旗印を掲げていたとして有名です。この風林火山は、「孫子の兵法」の第七章の「軍争篇」にある「疾如風、徐如林、侵掠如火、不動如山」から引用したものです。つまり武田信玄も、「孫子の兵法」を学び活用した1人だったのです。

武田信玄は「人は城、人は石垣、人は堀」という言葉を残していますが、生涯にかけて家臣を敬い、領民を大切にしてきたからこそ、甲斐の国を強国にすることができたといえます。

そんな武田信玄率いる武田軍も、当初から最強だったわけではありません。信玄が若くして甲斐国の当主に担ぎ上げられた当時、家臣たちは信玄の言うことを聞かず、まとまりを欠いていたそうです。

そこで信玄は、軍師・山本勘助の助言により、戦に勝つとすぐに恩賞や領土を与えるなどして、家臣たちを大事に扱いました。

その結果、家臣たちの忠誠心が高まり、信玄を敬うようになったとのことです。

信玄は、「信玄家法」のなかで、武田家の家訓として次のような内容のことを記しています。

「家臣が病気になった時にはどんなことがあっても見舞うこと」

「離反した場合、反省し心を入れ替えた者には、過去をとがめず再び召し抱えること」

「家臣の身を、自分の喉の渇きのように思い潤し続けること」

孫武が「卒を視ること嬰児の如し」と言っているのと同じように、信玄も家臣を大事にしていたことがわかります。

これは現代の人材育成にも通用する考え方ではないでしょうか。

◆諸説ある『孫子』の作者

『孫子』の著者は孫武というのが現代となっては定説ですが、かつては孫臏(そんぴん)(生年：紀元前4世紀頃)だと考える説もあり、長期にわたって議論されてきました。

というのも、孫武について歴史書などでの記録が少なく、そもそも実在した人物なのかどうかも疑問視されていたためです。

ではもう一方の著者と考えられていた孫臏はどんな人なのか。簡単に経歴を説明します。孫臏は中国戦国時代の斉で活躍した軍師・思想家で、孫武の百余年後の子孫にあたります。孫臏は若い頃から学問所で兵法を学び常に優秀な成績を収めていました。

そんな孫臏とともに兵法を学んだ龐涓（ほうけん）が、斉の隣国である魏の大将軍となりました。そしてある時、孫臏は龐涓から「斉と魏との友好のために話し合いたい」と魏に招待されます。

しかしそれは謀略で、孫臏は間者（スパイ）の容疑を着せられ、両足の膝から下を切断され、さらに額に罪人の入れ墨を入れられてしまいました。

魏王と龐涓から陥れられた孫臏は、監視されて屈辱に耐えながら魏国で暮らしていましたが、やがて監視が緩んだすきを突き、斉の田忌将軍の支援を受け帰国することに成功しました。

斉に戻った孫臏は王に謁見する機会を得て、兵法家としての能力を見出され、軍師として迎え入れられることになりました。

そして後に魏が趙を攻撃した際に、孫臏は田忌と共に趙の救援に向かい、見事な采配で魏を打ち破りました。この活躍により孫臏の軍師としての評価が高まり、自分の両足を切断した龐涓にも復讐を果たしました。

その後、田忌将軍が斉国内で宰相との争いに敗れ楚国へ亡命すると、田忌の導きで軍師になった孫臏は隠居することにしました。

隠居中に孫臏は兵法書を書き上げ、後年、墓からその兵法書が発掘されています。この兵法には、実際の戦いの事例から、地形や星の運行、戦略、戦術、陣形、富国強兵、戦に対する思想まで、さまざまなことが書かれています。

「孫子の兵法」については、孫武と孫臏のどちらが書いたのか、長いこと判明していませんでした。

しかし1972年、中国山東省銀雀山(ぎんじゃくざん)の前漢時代の墓で古墳が発見され、その中から「孫子の兵法」や「孫臏兵法」が書かれた竹簡が見つかりました。

これにより、『孫子』の著者は孫武で、『孫臏兵法』の著者は孫臏であるという説が有力になったわけです。

02 日本の歴史のなかでの「孫子の兵法」

◆日本史を変え続けた孫子

日本に「孫子の兵法」が伝わったのは奈良時代と言われています。

735年、遣唐使として留学していた吉備真備（きびのまきび）が、暦書・歴史書・音楽書・兵学・経書（儒教の教典）・弓矢などを持ち帰り天皇に献上しました。この時に、「孫子の兵法」の写本が日本に初めて持ち込まれました。

『続日本紀』によると、吉備真備は760年に大宰府で、「孫子・九地篇」「諸葛孔明の八陣」等について武官6名に講義したという記録が残っています。

また、平安時代後期の公卿・儒学者・歌人である大江匡房は、朝廷の書籍を管理しており、兵法にも精通し、源義家に「孫子の兵法」を講義したといわれています。

また、鎌倉時代末期から南北朝時代にかけて鎌倉幕府を倒し、建武の中興に貢献した楠木正成は、少年時代、大江匡房の七世代後の子孫である大江時親の元に通い、「孫子の兵法」などの軍学兵法を学んだといわれています。

戦国時代に活躍した人物のなかでは、武田信玄が孫子を学んでいたとの話は前述しました。その戦国の世を経て、江戸幕府をつくった**徳川家康**も孫子を活用した1人。

幼少期の徳川家康は、隣国の尾張・織田家、駿河・今川家に従わなければならない状況でした。そして8歳で人質となって駿河で暮らすことになり、その時に今川家の軍師である太原雪斎（たいげんせっさい）から儒学、易学、医学、そして「孫子の兵法」などの兵法も学んでいました。

若き日の徳川家康に関して、NHKのテレビ番組『歴史ヒストリア』で以下のエピソードが紹介されていました。

織田信長と今川義元の間で起こった桶狭間の戦いで、家康は、今川軍の先鋒として味方の城に兵糧を運ぶ重要な任務を任されました。しかし、敵の信長軍に囲まれて味方の城に近づくことができない。

そこで家康は、「孫子の兵法」第一章・始計篇の「利にして之を誘い」に従い、敵に利益を見せ誘い出す、つまり餌を与えて敵を罠にかける方法を思いつきます。

具体的には、囮（おとり）部隊で信長軍の別の砦を攻めるという「餌」を撒いたのです。

これを見た信長軍は、ピンチだと思い助けに行きます。その結果、今川の城近くにある砦の包囲は手薄になり、そのすきに家康は見事に兵糧を運び込むことに成功しました。

しかしその直後、家康にピンチが訪れます。主君の今川義元が信長軍に討ち取られ、今川軍は退散し、家康は周りを敵軍に囲まれてしまったのです。

ここでも家康は、「孫子の兵法」第十一章・九地篇「囲地には則ち謀り」（囲まれた土地では謀略をめぐらすこと）を思いつき、捕虜にしていた敵の武将を先頭にして、堂々と敵軍のいる中を抜けて自分の領地に帰ることができたのです。

なお、１６０６年（慶長11年）、江戸幕府を開いて3年後に、家康は武経七書（『孫子』『呉子』など中国の代表的な七つの兵法書）を著しています。

◆幕末から近代でも活用された「孫子の兵法」

幕末以降も多くの歴史上の人物が「孫子の兵法」を活用しました。

その1人が**吉田松陰**です。松陰は、山鹿流兵学師範である叔父の吉田大助の養子となり、山鹿流兵学を修めました。

松陰は14歳の時に藩主の御前にて、「孫子の兵法」のうち第六章・虚実篇の講義を行い、藩主・毛利敬親から褒美として中国の兵学書「七書直解」を賜っています。「孫子の兵法」を座右の書とし、内容を暗唱できるくらい徹底的に学んでいたと言われます。

養父・吉田大助が死亡した時に「松下村塾」を受け継いだ松陰は、明治維新で活躍した久坂玄瑞、高杉晋作をはじめ内閣総理大臣に就任した伊藤博文、山縣有朋らに講義し、明治維新の立て役者たちに大きく影響を与えました。

明治維新の根底に、孫子の考えも流れていたといえるでしょう。

なお松陰には著作がたくさんありますが、なかでも「孫子の兵法」研究の集大成として遺した『孫子評註』は代表作とされます。1858年に私著目録（著作一覧）を書いた折りには、『孫子評註』などの3冊は赤文字の赤丸で印をつけ、捨てないように言い置いているくらいです。

時は下って、20世紀初の近代戦となる日露戦争で活躍した**乃木希典、東郷平八郎、秋山**

真之は、やはり「孫子の兵法」を愛読していました。

乃木希典は松陰と血縁関係がないものの親戚関係にあり、松陰の兄である杉民治とともに松蔭神社へ、『孫子評註』を寄贈しています。

東京・港区の乃木神社の隣地に、乃木希典が住んでいた邸宅が現存しており、年に数回、一般公開され、内部を見ることができます。室内にさまざまな調度品などが飾られているなかで、「孫子の兵法」の一部分を記した掛け軸がひときわ目を引きます。

03 現代のリーダーと「孫子の兵法」

◆スポーツ選手や経営者も愛読

戦に勝つ方法を述べた「孫子の兵法」ですが、その要諦は経営やスポーツにも共通しています。そのため「孫子の兵法」は、現代においても、ビジネスマンやスポーツ選手を中心に、多くのリーダーから支持を得ています。

「孫子の兵法」を活用している現代の著名人は枚挙にいとまがありませんが、たとえば**歌手・俳優の吉川晃司氏**。彼は中国古典の愛好家で、小説家・宮城谷昌光氏との対談でこのように語っています。

宮城谷さんの著作と、孫子の「兵法」は、僕のバイブルです。『孫子』も日本の戦記ものを読んでいくと、「風林火山」はじめ、どうしても突き当たったんですね。共通す

るのは、〝人間〟ということで、人心掌握術というか、人間の使い方のおもしろさというか、そこに惹かれてしまうんです。

『三国志読本』（宮城谷昌光／文藝春秋）

フィギュアスケート全日本選手権４連覇（２０１４〜２０１８年）、２０１５年世界選手権（上海）で銀メダルを獲得した**宮原知子氏**は、田村岳斗コーチに勧められたことがきっかけとなり「孫子の兵法」を読みはじめ、海外遠征をする際には「孫子の兵法」をバッグに入れている、という話題がテレビで取り上げられていました。

ニュース番組のインタビューでは、「自分の目標を達成するためには綿密に計画を立てる必要があるとか、大切なことがいっぱい書かれていた」と感想を述べていました。

プロ野球ヤクルトスワローズや楽天イーグルスなどで監督を務めた**野村克也氏**も、自身の著書で、深い感銘を受けた本は「孫子の兵法」と語っています。

そして、数多くある著書のなかで何度も「敵を知り己を知れば百戦殆うからず」（第三章・謀攻篇）の言葉を引用しています。

敵を知り己を知れば、百戦危うからず。

孫子のこの言葉ほど、勝負の神髄を言い表しているものはない。私は野球選手として、つねにそれを考えて戦ってきた。

相手の情報を集め、分析し、対策を考える。一方、自分の得手不得手を知り、長所を活かし、短所を補う努力を重ねる。そして、自軍のピッチャーをはじめ選手個々の特徴を把握し、チーム状態を冷静に見極める。そういう備えがあってこそ、どんな相手とも自信を持って戦うことができるのだ。

『侍ジャパンを世界一にする！戦略思考』（野村克也／竹書房）

ソフトバンクの孫正義氏は26歳の時に慢性肝炎にかかり、その入院中にたくさんの本を読んだそうです。そのなかでも特に「孫子の兵法」に感銘を受けました。関連書籍を30冊以上読んだ後、「孫子の兵法」の言葉（始計篇の中から10文字、軍争篇から4文字）と、自身の言葉を加えた25の文字で経営指針を表した「孫の二乗の兵法」を編み出しました。

■孫正義氏の「孫の二乗の兵法」

道	天	地	将	法
頂	情	略	七	闘
一	流	攻	守	群
智	信	仁	勇	厳
風	林	火	山	海

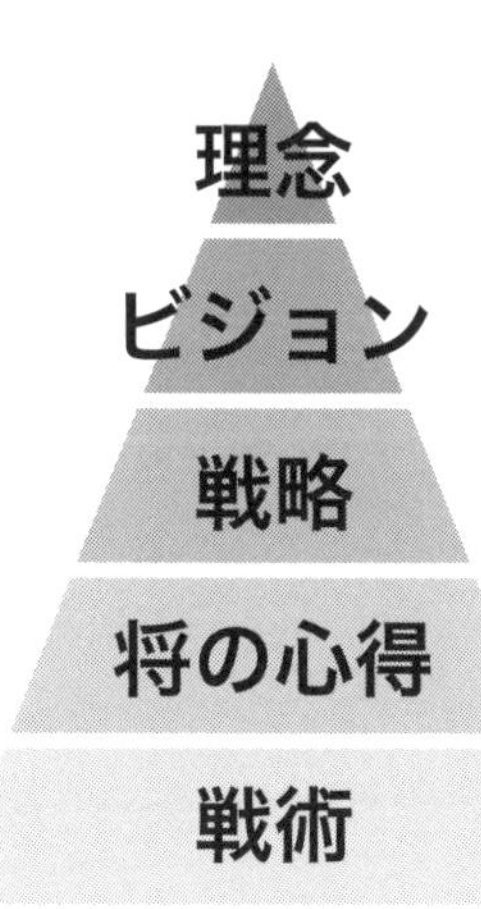

孫正義氏は、自身の後継者を育成するソフトバンクアカデミア開校式において、このように語っています。

「この25文字(孫の二乗の兵法)で達成すれば、リーダーシップを発揮できる。後継者になれる。本当の統治者になれるというふうに心底思っている。会社の経営者、事業家だけでなく、大学の学長、大統領でもみんな当てはまる。リーダーが持つべき素養としての、戦いに勝つための25文字だ」

この「孫の二乗の兵法」については、後ほど第四章で解説します。

マイクロソフトの創業者ビル・ゲイツ氏も「孫子の兵法」の愛読者であることが知られ

ています。

彼は自身のブログ「GatesNotes」(gatesnotes.com)のなかでたびたびオススメの本を発表していますが、その2012年の記事で『The Art of War(孫子の兵法)』を取り上げています。


お笑いの世界にも「孫子の兵法」は通用するようです。

オリエンタルラジオの中田敦彦氏は、「中田敦彦のYouTube大学」において、世界最高の戦略書として「孫子の兵法」を紹介しています。

そして、「孫子の兵法は勝利への攻略本としてムチャクチャ面白い」と孫子を絶賛しています。


「孫子の兵法」は、業種や立場、年齢に関係なく、時代を超えて世界中で多くのリーダーたちに指針を与えているわけです。

04 「孫子の兵法」の構成

「孫子の兵法」は十三篇から構成されており、文字にして約6000字。仏典などと比べてもかなり短いため、学びやすいのも特徴のひとつです。

各篇について簡単に解説していきます。

◆第一章 計篇(始計篇) ~戦における基本的な考え方~

計篇の代表的な言葉

「兵とは国の大事なり」
「兵とは詭道(きどう)なり」
「算多きは勝ち、算少なきは勝たず」

第一章の計篇（始計篇）は序論にあたり、戦をする前の計画について述べた内容になっています。

他の中国古典でも同様ですが、最初の章には著者の主張を端的にまとめているケースが多いといえます。「孫子の兵法」もそのパターンで、この計篇に孫武の最も重要な主張が詰まっています。

孫正義氏が「孫の二乗の兵法」に使っている25文字の漢字も、そのほとんどがこの計篇から採用されています。

たとえば計篇には、「兵とは国の大事なり（戦は国家の存亡にかかわることなので慎重にすべき）」と書かれています。

一か八かの行き当たりばったりで無計画に戦をせず、また占いなどに頼らず、合理的に勝算を十分に見極めた上で戦に向かうべきであるということです。

孫武が活躍した時代、戦の勝敗は天運による要素が強く反映すると考えられていました。そこで行われていたことは占いです。たとえば亀の甲羅を熱し、その割れ方で戦の行方を占ったりしていたようです。

しかし孫武は、戦う前に、勝つための作戦をしっかりと立てて、「戦わずして勝つ」ことを説いたのです。当時としては非常に画期的な主張だったといえるでしょう。

また、「兵とは詭道なり」(戦争はだまし合いである)という言葉も特徴的です。平安末期から鎌倉時代の武士は、正々堂々と名乗りを上げ一騎打ちで戦うことを潔しとしていました。そんな武士にとって、孫子のこの言葉は衝撃的であったに違いありません。

◆第二章 作戦篇 ~戦の準備をするうえでのさまざまな問題について~

作戦篇の代表的な言葉

「兵は拙速を聞くも、未だ巧久を睹(み)ざるなり」

「智将は務めて敵に食(は)む」


作戦篇では、戦においては準備万端整えて、素早く勝利することが肝要であることが説かれています。

戦では、数万人単位の兵士が他国へ遠征することになります。その際、食糧、弓矢や刀などの武器、甲冑、戦車などを調達する必要があり、莫大な費用を要します。

孫武の時代の移動手段は馬か徒歩なので、広大な中国では、遠征するにもかなりの時間を費やすことになります。

位の低い歩兵隊は戦闘用の馬車に残ることができず歩くしかないので、移動だけでも大きく体力を消耗します。長距離移動で体力を消耗したところに、回復する前に敵に襲撃を受けることもあります。

戦が長引くと、国家経済の大きな負担となります。延いては国民に対しても重税が課せられ、人々の生活が困窮することになります。

戦はこのように、時間もお金もかかるものだからこそ、長期化させてはならないということです。たとえば食糧は、遠征期間中の分をすべて持っていくのではなく、敵地で調達することが最善と説明しています。

現代の経営においても、参考になる部分はたくさんあります。

たとえば企業が、ライバルとのシェアの奪い合いをしている場合。シェア争いが長期化すると、広告費や人件費などコストが大きな負担になり、得られる利益が少なくなり、経営を圧迫することになります。そのような事態に陥らないためにも、競争は速やかに決着を付けたほうがいいのです。

ビジネスの世界ではよく**「茹でガエル現象」**という言葉が用いられますね。熱湯に入れたカエルは、熱いので飛び上がって逃げだし、何とか生き残ることができますが、水にカエルを入れて水温を徐々に上げていくと、カエルは水温の変化に気づくことができず、最後には茹で上がって死んでしまう、いう比喩です。

企業のライバルとの競争においても同様です。最初からコストが莫大に掛かるとわかっていれば、ライバルと争わず別の道を選ぶかもしれません。

しかし、かかるコストの算段が付いていない場合には、「これくらいのコストで何とかなるだろう」とアバウトな判断で競争を始めてしまいます。しかしライバルが想定以上に強力で、そのままずるずると競争を続けることになり、優位性を確保できないままコストばかりが膨らんでしまうこともあります。

そういった事態になることを「作戦篇」では諫めているわけです。

◆第三章　謀攻篇　〜いかにして敵を陥れるか〜

謀攻篇の代表的な言葉

「戦わずして人の兵を屈する」
「彼を知り己を知れば、百戦殆（あや）うからず」

謀攻篇は、謀略をめぐらせ攻めて勝利を収める方法について述べている章です。

戦が始まれば、多くの人命を失い、国費も莫大に消費することになります。たとえ戦に勝ったとしても、損失は大きなものとなるので、戦ばかりしているのは、勝ったとしても決していいことではない。戦わずして勝つことが最善というのが孫武の主張です。

そして、そのための方策として、**敵の兵士や敵の城を攻撃するよりも、まずは敵の謀略を破ることが重要である**と述べています。現代の国際的な軍事政策にたとえれば、相手国を攻撃するよりも、核兵器や有毒ガスなどの化学兵器、細菌やウィルスなどの生物兵器を製造・保有させない抑止戦略がこれに当てはまるでしょう。

また謀攻篇では、**「兵力が小さいのにもかかわらず大きな相手に向かうのはとても愚か**

なこと」とも述べられています。

現代でも同様の例はよく見られます。資本が小さく人材も乏しい企業が、大きな組織や企業と同じ土俵で勝負して、破綻や倒産してしまうケースがあります。そういった企業を見ると、「孫子の兵法」を知っていれば、違う選択肢もあったのにと思わずにいられません。

特に飲食店やアパレルショップなど比較的参入しやすい業種は、ライバル店も数多くいるので競争が激しくなります。ライバルのことをよく調査してから競争に臨まなければ、あっという間に廃業する羽目になるのです。

◆第四章　形篇 〜勝つために必要な組織づくり〜

形篇の代表的な言葉

「先ず勝つ可(べ)からざるを為して、以て敵の勝つ可きを待つ」

「積水を千仞(せんじん)の谿(たに)に決する如き者は、形なり」

形篇は、勝負に勝つための態勢を整えることや、軍の形勢についての心構えを述べた章です。

戦においては勝つことは重要ですが、それ以上に負けないことが重要。そのためには敵がいつどんな態勢で攻撃を仕掛けてきても負けることのないよう、普段から防御をしっかりと固めること。そして、敵の隙があれば迅速に攻撃し、勝利を確実にすることが大切ということです。

戦いが上手なリーダーは、自分が絶対に負けない立場になってから勝負をするから、勝利の機会を逃すことがない、とも述べています。

また、戦における原則として、戦地までの距離や兵士が消費する食糧、牛車にかかる飼料などの物資、人員などを計算する重要性を説いています。

企業経営においても同様ですね。経営はいわばライバルとの戦い。行き当たりばったりで戦いをスタートさせて、「何とかなるだろう」という考えは通用しません。しっかりとした計画も立てずに安直に起業して失敗する人は非常に多いといえます。

中には悪徳業者や生き馬の目を抜くような狡猾なライバル、取引先などが、魑魅魍魎（ちみもうりょう）のようにたくさんうごめいている業界もあります。

たとえばアパート経営や何らかのフランチャイズ経営などの分野もその一種でしょう。セミナー講師や営業マンの「儲かる」という言葉を真に受けて、そのような分野に気軽に参入してしまい、大きな失敗をしてしまう人は多いといえます。

私のところにも、そのような投資に失敗して、にっちもさっちもいかない状態で相談に来られる方はよくいます。しかし、すでに資金もなく、挽回が困難な場合がほとんどです。

「積水を千仭の谿に決する如き者は、形なり」というのも、この形篇で述べられている言葉。**堰き止めた水を千尋の谷に一気に放出するような戦い方こそが、勝利に至る形勢である、**という意味です。

なおこの言葉は**積水化学工業の社名の由来**となっています。

同社は創業70年以上になりますが、現在でもこの言葉を、グループの社是である「3S精神(Service,Speed,Superiority)」のひとつ(Speed:積水を千仭の谿に決するスピードをもって市場を変革する)として掲げています。

◆第五章　勢篇　～勝負の流れを引き寄せる勢い～

勢篇の代表的な言葉

「戦いは正を以て合し、奇を以て勝つ」

「善く戦う者は、これを勢に求めて、人に責めず」

勢篇では、勝負の流れを引き寄せる勢いや、正攻法・奇策について述べられています。

部隊編成や組織運営がしっかりとしていれば、数万の大軍を率いるのに、数十人の小軍を率いるように整然と統率することができる、と説いています。

そして、**個人プレーではなく、チーム一丸となることで「勢い」が得られます。**

勢いのある戦いとは、丸い大きな石を千仞の山から転がすように仕向けること。転げ落ちる大きな石をそう簡単には止めることができないように、勢いの出た軍隊を止めることはできません。

スポーツでも勢いや流れは勝負の形勢を決める重要なポイントになります。

野球やサッカーなどで、圧倒的に不利な展開から奇跡的な逆転勝利を収めたチームが、そのまま勢いに乗ってチャンピオンになったりすることはあります。

ああいった時のチームの「勢い」には独特の雰囲気がありますよね。観戦しているファンも、戦っている選手たち自身も、「根拠はないけれど、なんか勝てそうな気がする」と感じられるものです。そんな勢いを自らつくり出すことが勝利の秘訣というわけです。

ビジネスにおいても同様です。同じ業界のなかでも、次々とヒット商品を生み出していたり、広告がいつも話題になったりする企業もあれば、何となく元気がなく目立たない企業もあります。業績を伸ばしているのはたいていの場合、前者の勢いのある企業です。

ライバルや同業他社から「あの会社の勢いは止められない」と思われるくらいの状況を作り出すことが、結果的には業績を伸ばし勝負に勝つことにつながるのです。

この勢篇では、正攻法と奇策についても解説しています。

正攻法でも奇策でも、勝利を手にすることが出来る作戦には違いありませんが、どの場面でどのように使うべきか。**まずは定石通りに正攻法を使い、そこに奇策を組み合わせることが重要**ということです。そして、正攻法と奇策の組み合わせは無限にあり、これを極めていくことが勝利につながります。

企業経営においても、業績を伸ばして行く方法は無限にあります。そして、正攻法もあれば奇策もあります。

売上が伸び悩んでいる企業は、正攻法に頼るだけで斬新な策を打ち出せていないことがあります。一方、伸びている企業は、一見無謀と思われるような策でも新しいアイデアはどんどん試す傾向にあるのではないでしょうか。

ちょっとした奇策を思いつき、実行したことで、倒産寸前の会社が復活を成し遂げることもあるのです。

◆第六章　虚実篇　～相手の隙を突いて主導権を握る～

虚実篇の代表的な言葉

「進みて禦(ふせ)ぐべからざるは、その虚を衝けばなり」
「兵を形(あらわ)すの極みは、无形(むけい)に至る」
「兵の形は水に象(かたど)る」

第六章の虚実篇では、敵の守りが万全なところを避けて、「虚(きょ)」、つまり相手の隙をついて攻撃する戦術を述べています。

敵の隙を突けば、敵は防ぐことができず、こちらの攻撃が大きな効果を発揮します。攻撃した後に迅速に退却すれば、攻撃を返されることもありません。

また、敵の方が大軍で、自軍との兵力に大きな差があっても、自軍の戦力を集中させることで太刀打ちできると説きます。敵軍の陣形をあらわにさせて、その弱いところを狙い、自軍の兵力を集中させて攻めることで敵軍を突破することが可能になります。

その時に大事なのは、自軍の陣形を敵に隠すことです。陣形が見えなければ、敵は襲撃に対して備えることが難しくなるからです。

これをビジネスに当てはめた場合、どのような教訓が得られるでしょうか。

たとえば、**中小企業が大企業相手に勝負しようという時、相手と同じ土俵に立つのではなく、ニッチな分野に集中する、**という戦略が思い浮かぶでしょう。

大企業が面倒くさがってやりたがらないようなビジネスに参入し、その一点に集中することができれば、中小企業が勝つこともできるのです。

攻撃・撤退、組織編成などを柔軟に行い、相手に主導権を握らせず、自分たちが主導するという意味でいえば、顧客や取引先との関係にも当てはめられるかもしれません。

取引先の要求に応えることは大切ですが、かといって何でも言いなりになっていると自社の適切な利益を損ねてしまうことがあります。少ない利益率でギリギリの経営を続けていると、会社の体力が失われ、いざという時に踏ん張りが利かなくなります。

たとえば、次のビジネスにつながる新商品開発ができなかったり、事業を拡大するための人材採用や育成ができなくなってしまったりします。

その結果、商品・サービスの競争力が落ち、同業のライバル会社が現れた時に競争に勝つことができず、仕事を奪われてしまうこともあるでしょう。特に下請け企業は、元請け企業に要求されるがままに仕事をしていると、そのようなじり貧の状況に陥ることがあります。

一方、下請け企業であっても、自社ならではの強みを持つ企業はそんな状況には陥りません。**自社が顧客である元請け企業に対して主導権を握ることができるからです。**

そして元請け企業に頼らなくても安定した売上を確保でき、さらに、品質やサービスを向上しつづければ、常に主導権を握った状態をキープできます。

◆第七章　軍争篇　～機先を制し、相手を後略する～

軍争篇の代表的な言葉

「迂をもって直となし、患をもって利と為す」
「その疾きこと風の如く、その徐かなること林の如く、侵掠すること火の如く、動かざること山の如く、動くこと雷の震うが如く」

第七章の軍争篇では、敵軍の機先を制し、いかに敵を攻略するかを述べています。なお「軍争」とは、戦地に先に到着することを指しています。

戦場までの道を、いかに敵軍より早く到着するか。先に到着すれば優位な態勢で戦に挑むことができます。

しかし、言うのは簡単でもやるのは難しいのが軍争です。迂回路をまっすぐの道にしたり、不利な要素を有利な要素に変えたりする必要があります。

たとえば、敵より遅れて出発して、不利な状況を作り出すことで敵をだまし、そのすきに相手よりも早く戦地に到着するといった作戦をとるということです。

これはビジネスにも通じる部分がありますね。情報化が進んだ現代において、ビジネスはスピードが命。自社が何らかの新しいアイデアを着想した時には、他にも同様のアイデアを思いついている企業があると考えたほうがいいでしょう。

そうなったら後はスピード勝負。**石橋を叩くように慎重に事業計画を検討するのではなく、仮説を立てて次々とチャレンジを繰り返し、走りながら事業を作っていくくらいのスピード感が求められます。**

武田信玄が軍旗としていた**「風林火山」**（孫子四如の旗）の言葉も、この軍争篇に書かれています。風のように速く動き、林のように静寂に、燃え盛る火のように侵略し、動かない時は山のようにどっしりと構え、暗闇のように知られないようにして、雷のように突然に激しく動き出す。

ビジネスでたとえるなら、スピードはとても重要、遅いと他社に先を越されせっかくのビジネスチャンスを逃してしまう。自社にとって真似されては困るようなノウハウや顧客情報など絶対に知られてはいけないことは漏れないように厳重にしなければならない、といったところでしょうか。

◆第八章 九変篇 ~さまざま局面で臨機応変に戦う~

九変篇の代表的な言葉

「智者の慮(りょ)は、必ず利害を雑(まじ)う」
「将に五危(ごき)あり」

九変篇では、戦局のさまざまな状況における九つの臨機応変な戦術を述べています。

・足場の悪い場所は攻撃してはいけない。
・四方に開けた場所は攻撃してはいけない。
・敵国の奥深くまで侵攻した場所は攻撃してはいけない。
・険しい地形に囲まれた場所は攻撃してはいけない。
・逃げ場の無い絶体絶命な場所は攻撃してはいけない。

などです。多様な戦略を知っている将軍は、軍の運用をよく理解し、成果を出すことができると述べています。

このあたりは戦術書としての「孫子の兵法」の特徴が色濃く出ている部分といえます。

実際の戦争には役立つかもしれませんが、ビジネスに役立てるのは難しいかもしれません。さまざまな状況に合わせて、臨機応変に戦い方を変えるべし、という教訓を得られるくらいでしょうか。

ただ、「智者の慮は、必ず利害に雑う」という言葉は、味わい深い言葉といえます。**利益のあるところには必ず害になる側面も併せ持っている。利益だけに目を向けるのではなく、冷静になって害の部分にも目を向けて、そのバランスを考える必要がある**ということです。

また、「将に五危あり」（将軍には五通りの危険がつきまとう）は、リーダーとしての心得ととらえることができるでしょう。五通りの危険は次の通りです。

- 必死さだけで戦うと殺される。
- 生き延びることしか考えていないと捕虜にされる。
- 短気で怒りっぽいと侮られる。
- 清廉すぎれば侮辱される。
- 兵士の面倒見が良すぎるのは人の世話で苦労する。

思慮と決死の覚悟を持って、怒りに身を任せず、清濁併せ呑む懐の深さを持ち、兵をいたわりすぎず、組織運営を行えということ。リーダーには非常に難しいバランス感覚が求められるということです。

◆第九章 行軍篇 ~進軍する上で注意すべきこと~

行軍篇の代表的な言葉

「軍は高きを好みて下き(ひくき)を悪む(にくむ)」

第九章の行軍篇では、進軍していく上で注意しなければならない状況について述べています。

- 山越えする場合には、谷沿いに進んで行き、高地に布陣する(敵を見やすいから)。
- 低地から敵軍に攻めるのではなく、必ず高地から攻める。
- 日当たりの良い場所を確保して、低地のよどんだ汚い水を飲ませないようにして、兵士の疲労や健康状態に留意すること。

・敵軍が川を渡って攻撃している場合には、敵軍の半数が渡ってから反撃する。
・上流で大雨が降った時には、下流が増水して危険になるので、渡る際には気をつける。
・沼沢地において敵軍と戦う羽目になったら、きれいな水と草がある場所を取り、森林を背にして布陣する。
・険しい崖においては穴や井戸、隙間があるような場所は、敵が隠れていることがあるので何度も捜索すること。

などなど、かなり具体的な内容となっています。

この章も、ビジネスに応用するのはなかなか難しい章といえます。

「孫子の兵法」はあくまでも兵法ですから、ビジネスには参考にならない部分もあります。反対にいえば、全体のうち1、2割でも参考になるところを見い出せれば、それだけでも十分に効果が上がるのが、「孫子の兵法」のすごさ、面白さといえるでしょう。

◆第十章　地形篇　～地形に応じて戦い方を変える～

「進みて名を求めず、退きて罪を避けず」
「卒を視ること嬰児（えいじ）の如し」
「地を知りて天を知らば、勝すなわち全うすべし」

第十章の地形篇では、戦場の六種類の地形によって臨機応変に戦術を使い分けることを述べています。

狭い道や開けている道、平地や丘陵地帯、足場の悪い時等、あらゆる地形にも対応することが将軍の重要な任務だと主張しています。

また、**卒（兵士）を赤ちゃんのように大切に気遣うこと、**とも述べています。そうすることで、兵士は国のために命を惜しむことなく勇敢に戦うからです。

これは現代の人材育成にも通じるといえるでしょう。

第三章・謀攻篇で、「彼を知り己を知れば、百戦殆うからず」という言葉が出てきますが、この地形篇でも似たような言葉が出てきます。「彼れを知りて己を知れば、勝すなわち殆うからず。地を知り天を知らば、勝はすなわち全うす」（敵を知り、自軍を知れば勝利に揺るぎがない。地形や自然の巡りを知れば、いつでも勝利できる）です。

現代のビジネスに置き換えれば、**ライバル企業や自社の強みを知り、マーケットや顧客を知り、社会背景や法制度など状況を見極めれば、必ず大きな成果を上げることができる、**といったところでしょうか。

◆第十一章　九地篇　～地勢によって戦い方を変える～

九地篇の代表的な言葉

「利に合わば而ち動き」
「始めは処女の如く、後は脱兎の如く」

第十一章の九地篇では、9つの地勢について天候や地理的条件、数万～十万の軍勢で進軍する戦術を説いています。

兵士といってもさまざまです。戦闘の訓練を十分に受けている兵士もいれば、農民兵のように普段は田畑を耕している兵士もいます。戦闘の訓練を受けてない兵士は戦を恐れて、家族が恋しくなり、いざとなると脱走する者もいます。**そこで、逃げださない場所で戦うよう仕向けることが大事**だと「孫子の兵法」は言っています。
また、湿地や山林など足場が不安定な場所では、敵軍が潜んでいるかもしれないので注意が必要、食糧などの物資を運搬している時に敵軍に襲われることがないように気をつけろ、敵軍に包囲され絶体絶命のピンチになった時でも突破口を開けるようにしておけなど、細々とした戦い方のノウハウを解説しています。

◆第十二章　火攻篇　～火攻めの戦略～

火攻篇の代表的な言葉

「火に攻むるに五有り」
「火を以て攻を佐(たす)くる者は明なり」

第十二章の火攻篇では、火攻めの戦略について述べています。
陣営に火を放ち兵士を襲撃する方法、陣営の外にある備蓄庫を焼き払う方法、物資を運搬中に火を放つ方法、屋内の物資の保管場所に火を放つ方法、桟道や通路を焼き払う方法という五通りの方法について解説しています。

また、敵軍に紛れて火攻めを遂行する工作員は綿密に計画を立てる、火攻めに適切な時節や乾燥、風向きを見極めて実行する、など具体的なノウハウも述べています。

当時の戦争において火攻めがいかに有効な手段だったかがわかります。

◆第十三章　用間篇　～スパイを使って情報収集～

用間篇の代表的な言葉

「しかるに爵禄百金を愛みて、敵の情を知らざる者は、不仁の至りなり」
「明主賢将のみよく上智を以て間者と為して、必ず大功を成す」

用間篇では、間者すなわちスパイを使って、敵の情報を集める必要性を説いています。

敵の情報を収集するにはスパイが不可欠で、「コストや時間を惜しんで敵の情報を収集しない者は愚の骨頂である」「賢明な君主や優れた将軍は、スパイを活用することで、成功を収める」と語っています。

情報の重要性は古今東西、どの戦でも同じでした。たとえば有名な「桶狭間の戦い」も情報が勝敗を左右しました。

この戦は、織田信長軍3000人、対する今川義元軍2万5000人と、兵力に八倍もの開きがある状況でした。不利な状況において織田軍は、斥候（偵察隊）・簗田政綱（やなだまさつな）の情報により、今川義元陣営が休息していることを察知し、奇襲作戦で義元の首を取ることに成功したのです。

その後、信長は一番の功労者として一番槍を刺した服部小平太や首を取った毛利新介よりも、義元の居所を伝えた簗田正綱に恩賞を与えたといわれています。信長が戦においていかに情報を重視していたかがわかるエピソードです。

日露戦争では、203高地攻略において乃木希典将軍は中国人スパイ、ロシア人の捕虜、日本人の偵察隊からの情報を得ていたといわれます。そして、徹底した諜報戦で難攻不落といわれた要塞を攻略することに成功したのです。

現代のビジネスにおいても産業スパイは存在していますが、そもそも法律やモラルに反する存在なので、戦略として語るようなものではありません。あえてビジネスに当てはめるとすれば、**情報収集の必要性をよく知るべし、**といったところでしょうか。

特にライバル企業・店舗の商品やサービスのことをよく知り、分析することは、他社を出し抜き、自社の競争優位性を高めることにつながります。

そのためにライバル店に行って視察をしたり、ライバル社の商品・サービスを買って研究するといった行為は、積極的に行うべきでしょう。

大きな成功を成し遂げるために、スパイのような行為をする経営者もいました。**マクドナルド創業者のレイ・クロック**です。

彼が深夜2時にライバル店のゴミ箱を漁り、捨てられた伝票を見て、前日に肉やパンをどれだけ消費したかを調べていたという逸話が『成功はゴミ箱の中に レイ・クロック自伝』（レイ・A・クロック、ロバート・アンダーソン／プレジデント社）のなかで語られています。

競争相手の情報を仕入れることはそれぐらい重要だということです。

第2章

これだけは押さえろ！孫子の「理念」と「リーダー論」

01 孫子の理念

◆「理念」を説いた孫子

「孫子の兵法」が他の戦術書と大きく異なる点は、「理念」を書いたことです。「理念」とはつまり、理想とする概念。「こうあるべき」という、根底にある考え方のこと。

この「理念」という言葉はおそらく、当時の中国にはなかったのではないかと思われますが、「孫子の兵法」には、確かに「理念」の大切さを示すような主張がそこかしこに見られます。

たとえば第一章・計篇（始計篇）の冒頭には以下のような一節があります。

> 孫子曰く、兵とは国の大事なり、死生の地、存亡の道、察せざるばからざるなり。
> 故にこれを経るに五事を以てし、これを校ぶるに計を以てして、その情を索む。
> 一に曰く道、二に曰く天、三に曰く地、四に曰く将、五に曰く法なり。

道とは、民をして上と意を同じくせしむる者なり。故にこれと死すべく、これと生くべくして、危わざるなり。

【現代語訳】
孫子は言った、戦争は国家の存亡にかかわる一大事である。国民の生死、国家の存亡がかかっているので注意しなければならない。それゆえに、次の五つの事柄について考慮し、計画を練り、実情を模索しなければならない。
その五つとは、一に道、二に天、三に地、四に将、五に法である。
道とは、君主と国民が同じ志すことである。これにより兵士は、戦の際に死生を共にすることができる。

「道」とは、君主と国民の心をひとつにするためのもの。**この「道」こそが、孫子の考える「理念」です。**

国の存亡を左右する戦争においては5つの大事な事柄があり、その筆頭に理念があると言っているわけです。

このように、理念の大切さについて語っている兵法書は画期的だったと思われます。

現代の経営においても理念が大切であることは言うまでもありません。

経営理念には、組織をまとめ、社員の心をひとつにして同じ方向を向かせる力がありま す。企業によってはミッションとかステートメントなどいろいろな呼び方があります。

たとえば有名なところでは、次のようなものがあります。

●ファーストリテイリング

「服を変え、常識を変え、世界を変えていく」

●ソフトバンクグループ

「情報革命で人々を幸せに」

●伊藤忠グループ

「三方よし」

●グーグル

「Googleの使命は、世界中の情報を整理し、世界中の人がアクセスできて使えるようにすることです」

●アマゾン

「地球上で最もお客様を大切にする企業であること、お客様がオンラインで求めるあらゆるものを探して発掘し、出来る限り低価格でご提供するよう努めること」

◆中小企業にも経営理念は大事

経営理念やミッションは、「この会社は何のために存在しているのか」を、お客様をはじめとする社内外の関係者に伝える役割を持っています。また、従業員が日々仕事をするうえで共通の価値観や行動の指針ともなります。

経営理念を言葉にして明示している中小企業はあまり多くはないのですが、実は**中小企業にこそ経営理念は必要です。**

経営理念の根底にあるのは、経営者やリーダーが、どのように経営を行っていくかという哲学であり、価値観、態度、信条などの表れです。

それが明確化され、社内で共有されていなければ、チームのメンバーである従業員も一枚岩になってくれません。

経営理念が明確になっていれば、トップと従業員が一枚岩になって仕事にチャレンジすることができます。

まだ経営理念を作っていない会社は、自社の強みや理想とする姿、お客様や株主などステークホルダーに何を伝えたいか、その思いを込めて、経営理念をぜひ作ってください。そしてぜひ内外に発信してください。

次のページからは、「孫子の兵法」全体に通底する理念を表しているような言葉をいくつか紹介していきます。

02 《兵とは国の大事なり》

兵とは国の大事なり。
死生の地、存亡の道、察せざるばからざるなり。

（第一章「計篇」）

【現代語訳】
戦争は国家の存亡にかかわる一大事である。
国民の生死、国家の存亡がかかっているので注意しなければならない。

◆戦争に戦略がなかった時代

「孫子の兵法」に出てくる「兵」という言葉は、「戦（いくさ）」「戦争」のことを指します。
そして、「孫子の兵法」全体の冒頭に出てくるのがこの言葉です。

「戦争は国家の存亡にかかわる一大事」とは、現代人である私たちからすればごく当たり前のように思えますが、当時の中国では違いました。

古代中国では、戦争は戦略的に行うものではなく、いわば「当たって砕けろ」「行き当たりばったり」で行うものだったからです。

時代によっては、亀の甲羅に熱を加えて、割れたヒビの形で吉凶を占い、その占いを元に戦争を始めたりしていました。後先を考えず、君主が「個人の感情や恨み」で戦争することもありました。

どのようにして兵士を配置して、どんな武器を使うかといった戦術もなく、子供同士のけんかのように、無計画に戦を行っていました。

しかし、一度戦争を始めればたくさんのお金もかかるし、国民の命も失います。負ければ国民が殺されて財産が奪われ、それこそ国家存続の危機になります。たとえ生き残ったとしても、食べ物がなくなって餓死したり、ケガや病気になったり、あるいは奴隷や囚人にされる者も出てきます。多くの悲劇や苦しみが起こります。

もし戦争に勝てたとしても、無傷ではいられません。兵士の命が奪われるなど、それなりのダメージはあります。

孫武は、そんな戦争の悲惨さを誰よりも知っていたからこそ、戦争は一大事であると警告したのでしょう。

「兵とは国の大事なり」に続くのは、「死生の地、存亡の道、察せざるばからざるなり」。

これは、**国民の生死や国家の存亡がかかっているので注意しなければならない、国民や国家のために熟慮したうえで行わなければならない**、という意味です。

戦争で失敗しないために、慎重に慎重を重ねて注意するよう、孫武は説いたわけです。

◆経営にも明確な目標と、目標達成に至るロードマップを

この戦を経営に置き換えてみるとどうなるでしょうか。

会社を興すにしても、新たに事業を始めるにしても、行き当たりばったりでは成功する確率は低くなります。資金も時間も人的リソースもムダに使ってしまい、結果として目標を達成できないことになります。

新たに興した事業を軌道に乗せ、それを継続的に発展させ、経営を成功させるために欠

かせないのは、明確な目標と、目標達成に至るロードマップです。

つまり、きちんとした経営計画を立てる必要があります。

経営計画があればこそ、道に迷わず目標を見据えて突き進むことができます。**経営計画はトップの姿勢や方針を表明した地図。**それを見ることで社員は奮い立ち、一緒になって目標に立ち向かってくれます。

そんな経営計画について、古今東西の経営者が重要性を説いています。

たとえば、5千社を超える企業を指導し、多くの倒産寸前の企業を立て直したとされる**経営コンサルタントの第一人者・一倉定（いちくらさだむ）氏。**

一倉氏が主催した経営計画書作成ゼミには、全国から経営者が集まり、彼らは8日間の日程で毎夜遅くまで缶詰め状態で経営計画書を作成したといいます。

一倉氏はクライアントである社長の作ってきた経営計画書をチェックして、満足のいくものでないと原稿をクシャクシャに丸めて捨て、社長の顔にペンで×印を書いて厳しく叱ったそうです。

それほどまでに、経営計画を大事にしていたということです。彼は、著書のなかでこんな言葉も残しています。

経営とは、
『将来に関する現在の決定』（ドラッカー）である。
くだいていえば、「将来のことを、あらかじめきめきること」である。
『マネジメントへの挑戦 復刻版』（一倉定／日経BP）

「ユニクロ」を展開する**ファーストリテイリングの柳井正代表取締役会長兼社長**の書棚には、そんな一倉氏の著書が並んでいます。

その柳井正氏がネットの記事のなかで、「全人生で一番学んだ本は何か？ と問われても、この一冊に間違いありません！」（プレジデント・オンライン 2011年1月23日）と語っている本があります。

アメリカのコングロマリット、ITTのCEOとして58四半期連続増益を達成させたハロルド・ジェニーン氏が書いた『**プロフェッショナルマネジャー**』（ハロルド・ジェニーン 著、アルヴィン・モスコー 編集、田中融二 翻訳／プレジデント社）です。

ハロルド・ジェニーン氏は「本を読むときは、始めから終わりへと読むが、ビジネスの経営というのはまったく逆である。終わりから始めて、そこへ到達するためにできる限りのことをするのである」と述べ、経営計画を作成し実行することの重要性を説いています。

私も今まで、事業や起業の相談を数多く受けてきましたが、**その際、指導に最も力を入れたのが、経営計画の策定です。**

特に起業においては入念に経営計画を作る必要があります。経営計画が甘いまま起業した結果、失敗するケースは世の中にたくさんあります。

「親の後を継ぐことになったから」「引退する人から店を継がないかと相談があって、良さそうな条件だったから」「ラーメン屋は儲かりそうだから」などという安易な理由で、サラリーマンを辞めて起業する人もいます。

そういった方の多くは失敗します。安易な気持ちで、きちんとした計画も立てずに成功するビジネスはないのです。

戦も経営も、一大事です。慎重に慎重を重ねて、入念な計画を立てて臨んでください。

03 《戦わずして人の兵を屈する》

是の故に百戦百勝は善の善なる者に非ざるなり。
戦わずして人の兵を屈する者は善の善なる者なり。
（第三章「謀攻篇」）

【現代語訳】
百戦戦って百勝というのは最善の最善とはいえない。
戦わないで敵兵を降伏させる者は最善の人である。

◆戦わないでどう勝つか

百回戦って百回勝てば、その軍師は素晴らしい才能を持っているといえます。
しかし、いかに勝ち戦といえども、兵士の命を失い、コストもかかります。それなりのダメージは避けられません。また目の前の敵に勝ったところで、こちらが消耗している時に、すぐさま別の敵が襲ってきたら、それこそ今度は負け戦になりかねません。

戦乱が続く状況のなかで他国よりも優位に立ち続けるためには、戦って勝つことよりも、戦わないで勝利を収めることのほうが重要なわけです。

この「戦わずして人の兵を屈する」は、とかく自分の感情や意地だけで戦を始めていた当時のリーダーたちをいさめる言葉といえるかもしれません。

戦争とはそもそも自軍と敵軍の兵を戦わせるものというイメージがありますが、戦わなくても勝つ方法はいくらでもあります。

たとえば、敵国の情報を徹底的に調べ上げ、弱点を探り、圧倒的な優位に立つ。そのうえで相手に書状を送って、「この国にはかなわない」と戦意を喪失させ、戦わずに屈服させるといった方法です。あるいは、強国と連合を組み、同レベルの国とは戦争が起こらないように牽制する、などもあります。

日本の武将でいえば、豊臣秀吉も「戦わずして勝ちを得るのは、良将の成すところである」という言葉を残しています。相手を説得して寝返らせるのがうまかった秀吉ならではの言葉といえます。

◆戦わずして勝てる新しいビジネスモデル

現代のビジネスで「戦わずして勝つ」をどう生かすか。

それは、儲かる仕組み、すなわちビジネスモデルをつくることでしょう。

利益を上げている企業とそうでない企業の差は、ビジネスモデルの違いによることが大きいからです。

2020年、新型コロナウイルス感染症の拡大に伴い、緊急事態宣言が発令され、飲食店は時短営業などの営業自粛に追い込まれることになりました。緊急事態宣言が解除されてからも、客足はなかなか戻っていない状況です。

外食産業大手のワタミは65店舗、居酒屋「甘太郎」などを運営するコロワイドは196店舗、ファミリーレストランチェーンのジョイフルも約200店の大量閉店を発表しました。

飲食店は比較的参入障壁の低いビジネスですが、それでも店舗を開業するとなると、不動産の賃貸契約料や内装、厨房設備費用などで、一般的に1千万～2千万円くらいの資金が必要といわれています。

そして一度開業すれば、店舗の家賃、食材の仕入れや人件費、広告宣伝費など毎月のランニングコストが発生します。

オープンしてお客様がたくさん来て、十分な売上があれば問題ありませんが、天災や不景気によって売上が下がれば、経営に大きな影響を及ぼします。

それでなくとも飲食業態は競争が激しく、廃業率が高いといわれています。一般的には、オープン後1年で約半分が、オープン後5年で約90％の店が廃業するといいます。

そもそも市場競争が激しいところに、天災や不況が訪れればひとたまりもありません。個人商店などを中心に、廃業を決断せざるを得ない店も出てきます。

しかし、外食業界が大嵐に見舞われているようなこんな状況下でも、躍進を続けている飲食業態はあります。

実店舗を持たずに飲食店を運営する「ゴーストレストラン」「クラウドキッチン」と言われるデリバリー専門の業態です。

インターネットでオーダーを取ってデリバリーするスタイルで、特徴はひとつの店のなかにいくつもの店舗を持つこと。

「とんかつ○○屋」「○○ラーメン」「寿司処○○」「パスタ専門店○○」「スパイスカレー○○」「ピザ専門店○○」などと数種類の専門店を、1店舗のなかで展開しています。

各店に1台、受注用タブレット端末があり、キッチン担当者はそのタブレット端末に届いた注文を見ながら調理をして、できあがった料理はウーバーイーツや出前館などのフードデリバリー業者が配達します。

客席のないデリバリー専門店なので、立地を選ばず、ワンルームマンションや雑居ビルの事務所、倉庫など、どのような物件にでも出店が可能。不動産に関する高い費用を抑えつつ出店できるのが大きなメリットです。

また複数の専門店を兼ねることで、多様な消費者のニーズを取り込むことができ、食材の有効活用にもつながります。

なかには、5坪のスペースで月500万円も売り上げている店舗もあるようです。宅配の需要が急増したこともあり、「ゴーストレストラン」業態は急速に拡大しています。ビジネスモデルの勝利といえるでしょう。

◆大手と競合しないマーケットで戦う

リアル店舗を持つ飲食業でも、ビジネスモデルの工夫次第で厳しい環境に立ち向かっていくことはできます。

全国800店舗を展開する**「やきとり大吉」**は、駅前や繁華街といった家賃の高い一等地を避けて、郊外の二等地、三等地といわれる場所に、10坪程度の小さい面積の店舗を構える戦略をとっています。店が小さいので、満席になっても店主とアルバイト1~2名での運営が可能です。

これにより家賃や人件費などの固定費を安く抑え、効率的な経営を可能にしています。

大型チェーン店の居酒屋のように広い店舗であれば、従業員のサービスを均一化するのに苦労しますが、アルバイト1~2名であれば店長の目が十分に行き届く範囲なので、教育における手間も少なくなります。

客単価3千円で1日20人の来客があれば、1日6万円の売上があり、月商180万円から経費を引くと、約60万円の利益が残る計算です。来客数が1日30人ならば月商270万円、経費を引いた手残り利益は約80万円。

大きな稼ぎとはいえないものの、店主の生活を支えるのには十分な、安定的で現実味のある数値といえるのではないでしょうか。

小規模事業者がヒト・モノ・カネ・情報で差がある大手と戦うには、ビジネスモデルを磨き、圧倒的な差別化を図るしかありません。

それが「戦わずに勝つ」戦略であり、成功と失敗の分かれ目になるのです。

04 《兵とは詭道なり》

兵とは詭道なり。
故に、能なるもこれに不能を示し、用なるもこれに不用を示し、近くともこれに遠きを示し、遠くともこれに近きを示し、利にしてこれを誘い、乱にしてこれを取り、実にしてこれに備え、強にしてこれを避け、怒にしてこれを撓し、卑にしてこれを驕らせ、佚にしてこれを労し、親にしてこれを離す。

（第一章「始計篇」）

【現代語訳】

戦とはだまし合いである。
それゆえに強くても弱点を見せ、用意周到であってもそうでないように見せかけ、近くにいても遠くにいるかのように見せかけ、距離が遠くても近いように見せかけ、敵を利用して誘い出し、敵が慌て乱れている時に取り上げて、万全なる時も備え、敵があまりにも強い時は攻撃を避け、怒っている時は混乱させ、おだやかな時は強く出て、のんびりしている時は疲れさせ、仲の良い時は離れるようにする。

◆ビジネスにもあっと驚くような奇策が必要

孫武は、戦争とはしょせん「詭道」（だまし合い）であり、勝つためには敵を欺かなければならないと説きました。

戦争はスポーツではないので、正々堂々と勝負していればいいのではありません。結局は勝った者が正義になるわけですから、どんな戦いをしても勝つ必要があります。時には寝込みを襲うとか、味方と見せかけておいて裏切るなど、汚い手を使ってでも勝つことが最重要課題なのです。

現代のビジネスにおいてこれをそのまま当てはめるわけにはいきません。法令遵守やモラルの面で考えて、正直かつ誠実にビジネスを行う必要があるからです。

とはいえ、どのような場面でも馬鹿正直なだけでは、ライバルに勝てないというのも事実。お客様に喜んでいただき、ライバルに勝つためには、正攻法だけでなくあらゆる方法で攻めなければならないといえます。

◆メニューや営業時間で差別化を図るユニークな弁当屋

他の店がやらない型破りな戦略でお客様にインパクトを与え、大成功している弁当屋があります。東京都江東区、ＪＲ亀戸駅近くにある**「キッチンDIVE」**です。

特徴のひとつはユニークなメニュー。看板商品は、激安の「200円(税別)弁当」。また「1キロ弁」「超大盛り3キロ弁当」などのデカ盛りメニューも豊富です。

200円弁当で利益が出るのかが心配になりますが、「200円弁当」の看板を見て入ってきたお客様も、実際には300円以上の商品を購入していくことが多いので、トータルでは利益を確保できています。

また、普通の弁当屋の営業時間は朝から夜10時くらいまでですが、この店では24時間営業しています。その結果、いつでもお弁当が買える安心感が生まれ、タクシーの運転手や深夜まで仕事されている方から支持を得ています。

さらに店内の様子をユーチューブで生配信しています。ユーチューブでどんな商品が並んでいるのかを見てから買いに出かけるお客様も多いとか。

また、イベントや新メニューはツイッターでアピール。すぐにSNSで拡散されて話題を呼び、集客につながっています。

お弁当をデカ盛りにすることやユーチューブ配信、ツイッターはコストも掛からずにすぐにできます。営業時間を24時間に変更することも、人員さえ確保できればそれほど難しいことではありません。

ちょっとした工夫次第でお客様をあっと驚かし、客数を増加させることはできるのです。

◆型破りな手法で大逆転

千葉県銚子市にある**「銚子電鉄」**も、ユニークな取り組みが話題の会社です。

同社は今でこそマスコミに数多く取り上げられて安定した売上を確保できるようになりましたが、かつては経営難に悩んでいました。

昭和から平成に入った頃、周辺地域の過疎化や観光客の減少により、経営が年々悪化。平成18年には当時の社長による1億円を超える横領が発覚しました。

これにより、命綱だった行政からの補助金が打ち切りとなり、倒産寸前の状態に陥りました。

また、ちょうどその頃に国土交通省の監査が入り、線路や踏切の老朽化を指摘され、3カ月以内に改修しなければ運行停止の処分が下されるという事態に。改修するには約5千万円がかかるうえ、車両の法定検査費用も1千万円必要でした。

さらに当時は従業員の給料も全額払えない状況で、会社の通帳には200万円しか残高がありません。

このままでは廃線・倒産待ったなしの絶体絶命のピンチでした。

この窮地を何とか乗り切るために社員が考えた策は、数年前より副業で製造・販売していた「ぬれ煎餅」を売ること。

しかし、必死であらゆるところに声を掛けて販売したものの、思うように買ってはもらえず半ば諦めかけていました。

あと数日で会社の資金がショートしてしまうという時、社員の１人が最後の頼みの綱として、自社のウェブサイトに「電車の修理代が必要です。どうか、ぬれ煎餅を買ってください」と書き込みました。

すると、なんと2ちゃんねる等で話題となり、マスコミもこの話題を取り上げたことで、支援しようとする人たちのぬれ煎餅への注文が殺到。10日間で１万件以上の注文が入りました。

この奇跡ともいえる逆転劇により、同社は老朽化した設備の改修費用や、法定検査費用を払うことができました。

ぬれ煎餅で「詭道」を実感した社長は、続けて「まずい棒」を発売。これも8カ月で１００万本、累計２００万本を突破しました。

それ以外にも「イルミネーション電車」「バルーン電車」や、社長自らＤＪとなって電車を運転したり、ＵＦＯ召喚イベントを開催したりと、あらゆる「詭道」で全国のファンを驚かせています。

同社が２０２０年8月に発売予定だった新商品「ガリッガリ君」（諸般の事情により発

売中止）のホームページには、こんな文言が書いてあります。

「売上の約9割が『ぬれ煎餅』『まずい棒』をはじめとする食品事業。帝国データバンクにも『米菓製造会社』として登録されており、もはやお菓子屋さんが電車走らせているといっても過言ではありません。本業で戦えないのであれば副業で戦うしかありません。自虐ネタで勝負する路線にかじをきりました」

かっこ悪い、恥ずかしい、みっともないという気持ちがあってはピンチを凌ぐことはできません。**時には恥も外聞もかなぐり捨てて、あっと驚くような「詭道」に挑戦してみることが大切です。**

そんな挑戦がお客様の心を動かすのです。

05 《兵は勝つを貴(たっと)びて久しきを貴ばず》

兵は勝つことを貴ぶ。久しきを貴ばず。

故に兵を知るの将は、民の司令、国家安危の主なり。

（第二章「作戦篇」）


【現代語訳】

戦は勝つことを重視する。長引くのを良しとしない。

それゆえに戦を熟知した将軍は、国民の命を握る者であり、国家の安全を守る主宰者である。

◆戦でもビジネスでも短期集中が大事

古代中国の戦争は、3年や5年など長期間にわたることもよくありました。

戦場に駆り出されている兵士の多くは、もともと農民です。慣れない戦でケガをすることもあれば、命を失うこともあります。

また当然ながら戦争中は農業に従事できないので、食糧は不足し、国民の生活も貧しくなります。

長期戦になればなるほど、国全体が疲弊し、リスクが増していくことになるわけです。仮に戦に勝てたとしても、その疲弊した状況を敵につけ込まれればあっという間に負けてしまいます。

したがって孫武は、**戦争は長期戦ではなく短期集中決戦がいい**と説きました。

これは現代のビジネスにおいても当てはまるといえるでしょう。

飲食業でもＩＴ分野でも、どんなビジネスにもライバルはいます。ライバル企業に勝つためには、広告宣伝費や人件費など多大なコストを使う必要があります。

それを長期戦でじっくりとやっていては、コストがどんどん膨らみます。２番手、３番手企業であればなおさら、トップ企業との戦いは、時間をかければかけるほどジリ貧になりがちです。

ライバルとの争いで疲弊しないためには、最短で勝てるように、効率的なリソースの活用方法を計画し、実施しなければなりません。

ＩＴが発達し、次々と新たなサービスが登場している現代では、なおさらスピードが重要になっています。

◆矢継ぎ早の施策で変革

キャラクターグッズやインスタ映えするスイーツなど、流行を意識したビジネスを考える場合には特に注意が必要です。商品開発や開業準備などをしている間に、ブームが終わってしまうこともあるからです。

出版業界においても、ネットで話題になったコンテンツが書籍として出版されることが増えていますが、そういった商品は水物であり、スピード勝負。編集しているうちに時間がかかり過ぎてしまい、出版された頃にはブームが去っていた、ということはよくあります。

何らかの施策に取り組むなら、矢継ぎ早に実施し、短期決戦で勝負するべきでしょう。

長い間ジリ貧の下請けだった状況から脱却し、世界が認めるブランドになった**「株式会社能作」**のケースをご紹介しましょう。

富山県高岡市は、戦国時代に加賀藩2代目藩主の前田利長が鋳物師を招いたことで、鋳物産業が根付き、その後400年にわたり鋳物の町として栄えてきました。

その高岡市にある株式会社能作も、かつては他の鋳物工場と同じく、問屋から受注した仏具や花器などを作るだけの下請け鋳物工場でした。

能作を下請けから脱却させたのは、現在代表を務める能作克治氏です。

能作氏は、鋳物工場の娘と結婚し婿入りして、大手新聞社のカメラマンから鋳物職人となった人。転職した途端、収入は大幅ダウンし、年収150万円になってしまいましたが、毎日汗だくになりながら鋳物現場で18年働いたそうです。

そして2002年、5代目社長に就任。この時、「お客さんの顔が見たい！」と下請けを脱却することを決意しました。

そして自社で商品開発を始めて、オリジナル第一号のベルを発売。

ベルは全くといってもいいほど売れなかったものの、店員から「音がきれいでスタイリッシュなので風鈴にしたらどうですか」と言われ、すぐさま風鈴にリニューアルして発売。その途端、３カ月で３０００本と、１００倍売れるようになりました。

その風鈴を機に、錫１００％の鋳造を成し遂げ、次々とヒット商品を連発しました。

また富山県高岡市の本社工場に錫１００％の製品を自作できる体験工房を開設し、鋳物作り見学ツアーを実施したところ、これが大人気に。新高岡駅からタクシーで約15分掛かるにもかかわらず年間12万人が訪れる観光スポットになっています。

「久しきを貴ばず」、短期決戦で次々と施策を繰り出し、下請けから見事に脱却したからこそ能作の今日の成功があるといえそうです。

06 《彼を知り己を知らば、百戦して危うからず》

彼を知り己を知らば、百戦して危うからず。
彼を知らずして己を知らば一勝一負す。
彼を知らず己を知らざれば、戦う毎に必ず危うし。

（第三章「謀攻篇」）

【現代語訳】
敵を知り自軍を知っていれば、百戦戦っても危うくない。
敵を知らなくて、自軍を知っていれば勝ったり負けたりする。
敵を知らず自軍を知らないと、戦のたびに必ず危うくなる。

◆戦わないで勝つためにも必要なこと

「孫子の兵法」のなかでも特に有名な一節です。

戦をするうえで、敵を知ることの重要性は誰にでもわかりますが、**孫武はそれだけでなく、自軍のことも知らないといけないと説いたわけです。**

たしかに自軍の兵力や軍需物資、地理的条件などをきちんと把握していなければ、敵の情勢に合わせた戦いはできません。反対に自軍のことしか知らなくてもダメ。

やはり、敵を知り、己を知る必要があります。

一方、「孫子の兵法」には、「戦わずして勝つ」という言葉もあります。「百戦して危うからず」の実力があったとしても、やはり「戦わずして勝つ」のが理想です。そのためには、強国を味方に付けたり、あるいは戦が始まらないよう仕向けたりと、負けない方法を模索することになります。

戦わずに勝つためにも、「彼を知り己を知る」必要があるといえます。

◆アンケートで自分を知る

経営者だからといって、自社のことをよく知っているかというと、意外と知っていない場合も多いのではないでしょうか。自社の強みについては何となく把握していることはあるかもしれませんが、自社の弱み・欠点となると、直視しようとしない経営者もいます。**しかし、自社の弱みを知ることも大切なこと。それを改善することで強みに転換できる可能性もあるからです。**

自社の欠点が如実に表れているのがお客様からのクレームです。「クレームは宝の山」とよく聞きますがまさにその通り。なかには理不尽なクレーマーもいるので例外はあるものの、**基本的にクレームは、自社に対する期待の裏返しです。**

お客様は自社の不手際や対応のまずさなどの問題点に対して、「改善してほしい」「改善されたらもっと商品・サービスを購入するのに」という期待を込めて、わざわざ手間と時間をかけて指摘してくださっています。改善への期待感がなければ、クレームも何も言わず、二度とその店・商品を利用しなくなるだけです。したがって、その問題点を改善すればお客様の満足度は上がり、自社のファンを増やすことにつながります。

クレームも期待も含めて、自社のことをよく知るには、アンケートが最適です。

カレーハウスCoCo壱番屋の創業者・宗次徳二氏は、毎朝4時台に出社し、2時間かけてお客様アンケートに目を通すことを日課にしています。

宗次氏が言うには、アンケートではお褒めの言葉が当たり前の基準であり、クレームに耳を傾け、お店を改善していくことが大切だそうです。

アンケートの優れている点は、第三者の視点であることです。自社のことを知るのに、自分の目だけで見ていると、どうしてもバイアスがかかってしまい、客観的に見えなくなることがあります。しかしアンケートなら第三者の視点で、客観的に物事を判断してもらえます。

アンケートには良いことも厳しいことも書かれる可能性がありますが、厳しい声にもめげることなく、地道に改善することにより、そのお店・会社は格段によくなるはず。

現在アンケートを行っていない場合は、ぜひアンケートを実施してみてください。

◆上司と部下の面談で長所・短所を探る

「己を知る」は、会社で働く従業員一人ひとりにとっても重要です。

自分の長所を知り、短所・弱点を知ることで、悪いところを改善しながら長所を伸ばしていき、トータルで大きな成長を遂げられます。

会社のなかで従業員一人ひとりが自分を知る仕組みとしては、上司と部下の間で行う目標面談や評価面談、１ｏｎ１ミーティングがあります。

面談のなかで上司と部下が話し合いながら、伸ばしていくべき長所、改善していくべき短所を客観的に把握し、目標設定につなげるわけです。

アップルやグーグル、フェイスブックなどでは、この１ｏｎ１ミーティングが人材育成の手法として根付いています。

たとえばアップルでは、１ｏｎ１ミーティングの際には必ず、面談される部下の長所を褒めるところから始めるというルールがあります。長所をいくつか伝えてから、改善すべき点を指摘して、改善方法を一緒に考えてミーティングを終わるという流れです。

誰だって自分の短所を指摘されれば、嫌な思いがしてしまいますが、長所を言われてからならばその指摘も素直に受け止められます。

そのように順番を変えるだけで、部下は自分のことを客観的に知ることができ、やる気も高まるわけです。

07 孫子におけるリーダー論

◆有能なリーダーがいればビジネスは伸びる

「兵とは国の大事なり」と説いた孫武は、戦争において熟慮すべき項目として、「一に道、二に天、三に地、四に将、五に法」の5つを挙げています。

四番目の「将」とはすなわちリーダーのこと。

「孫子の兵法」十三章のうち、四章、五章、六章以外のすべての章で「将」について述べられていることからも、勝利する上でリーダーの存在がいかに大事かがわかります。

敵国にとっても脅威なのは王より将軍です。敵国の将軍の名を聞いただけで、兵士は恐れて逃げ出し、城主は門を開き降参することもありました。

例えば、周の時代なら文王よりも太公望、三国志の時代でも蜀の王や劉備より諸葛孔明が有名であるように、将軍の存在というのは絶大です。

第1章で紹介した、孫武がリーダーに任命した美女2人の首を跳ねたエピソードからもわかるように、リーダーにはそれだけ重要な責任が負わされるということです。

「吮疽(せんそう)の仁(じん)」という故事があります。

呉起という将軍が、怪我で苦しんでいる兵士の傷口の膿みを口で吸い取ったところ、兵士は感激して死を恐れずに戦ったというエピソードです。

将軍というだけで偉そうにするのではなく、いつも兵士のことを大切に思っているという姿勢、心掛けが大切です。

現代の経営においても、有能なリーダーのために部下は夜を徹してでも働き業績を伸ばしてくれますが、無能なリーダーには誰もついてこないため業績は伸びません。

ビジネスを成功に導くためには、まずリーダー自身が、「ついていきたい」と思わせる人であることが求められます。

次のページからは、「孫子の兵法」なかでもリーダー論について語られている部分を取り上げます。

08 《智将は務めて敵に食む》

智将は務めて敵に食む。

敵の一鍾（しょう）を食むは、吾が二十鍾に当たり、きかん一石（せき）は、吾が二十石に当たる。

（第二章「作戦篇」）


【現代語訳】

智将は敵から兵量を奪い食糧を確保する。

敵国の食糧一鐘（約50リットル）は、自国の食糧二十鐘（1000リットル）にも相当し、豆殻やわら一石（約30キログラム）は、自国の二十石（約600キログラム）にも相当する。

◆すべてを自前でまかなう必要はない

古代中国では、戦場に向かうのは大仕事でした。

長期間の戦いに備え、牛車などに食糧を大量に積んだうえで、1日に何キロメートルも歩く必要があり、人間も牛も体力を消耗しました。

期間が長引けば食糧が不足してしまうこともあったでしょう。また、自国内で大量の食糧を集めないといけないので、民衆にとっても国の財政としても大きな負担でした。

そう考えると、必要な食糧を輸送するよりも、現地で調達した方が手間もコストもかからないのは確かです。

具体的にどう調達するかというと、敵国から奪うということです。敵の食糧が、自国の食糧の20倍にも相当するということは、それだけ現地調達の価値が高いことを示しているのでしょう。

さて、この言葉からどんな教訓を得ればいいでしょうか。

「すべてを自前でまかなう必要はなく、他者のリソースを有効活用すべし」といったところでしょうか。

たとえば、自前ではなく他人のリソースを活用してビジネスを行う方法として、**「間借り」**

があります。この間借りの形態が昨今では進化して、新しいビジネスが生まれています。具体的にいうと、自宅の空き駐車場やガレージ、休日の店舗、店舗前のわずかなスペースなど、今まで誰も使っていないようなデッドスペースをインターネットのマッチングサイトを介して貸し出しているオーナーがいます。

借りる人はそれを有効利用して、時間帯限定で飲食などのビジネスを展開するわけです。店舗用の不動産を正式に借りるとすれば、契約時に何百万円もの保証金が必要になってしまいますが、間借りビジネスでは、そのような高額な初期費用は必要ありません。そのため、低リスクで新たなビジネスにチャレンジできますし、撤退の判断も容易にできます。また、あくまでも時間貸しなので、自分たちの都合に合わせて、利用したい時だけ利用することができます。

一方、不動産を貸しているオーナーにとっては収益機会の増加につながります。

間借りビジネスで成功している一例として、**「間借りカレー」**があります。夜営業のバーなどを借りて、昼の11時から17時まで、カレーを提供するというスタイルのお店です。

間借りなので、不動産契約費用や厨房などの設備投資が必要なく、低リスクでビジネスを始めることができます。短時間の営業なので、家賃も比較的割安にて貸してくれるケースが多いといえます。

◆たこ焼きとうどん、ウィンウィンのコラボ

全国展開している**「築地銀だこ」**は、2020年のコロナ禍の中で、他の外食店同様に苦戦を強いられていました。

このピンチを脱出するために佐瀬社長が考えたアイデアは、「ランチ営業の時間帯に人気店に間借りしてもらう」ことでした。

そこで声を掛けたのは、うどん日本一決定戦U－1グランプリ2014で準優勝になったこともある福岡のうどん店「えびすやうどん」。もちもちの麺に、甘辛い味付けの黒毛和牛と濃厚な玉子を乗せた「カルビぶっかけうどん」が人気メニューです。

「築地銀だこ」はランチの時間帯に店舗の設備を貸して、その「えびすやうどん」のうどんを提供。このコラボレーションは近隣のビジネスマンなどから好評を呼びました。

間借りコラボをすることで、「築地銀だこ」はうどん好きのお客様を呼び込むことができ、「えびすやうどん」は東京の好立地で東京進出できるという、お互いにとってプラスの効果が生まれたわけです。

「築地銀だこ」では「えびすうどん」の他にも、京都の串焼き店「串焼き満天」、鎌倉の天ぷら店「からり」などと提携し、コロナ禍で落ち込んだ売上を通常時と同じくらいにまで持ち直すことに成功しています。

ライバルや同業他社も上手く活用すれば、多額の初期費用を投じなくとも十分に利益を上げることができるというわけです。

09 《上兵は謀を伐つ》

上兵は謀を伐つ。

その次は交を伐つ。その次は兵を兵つ。その下は城を攻む。

攻城の法はやむを得ざるが為なり。


（第三章「謀攻篇」）


【現代語訳】

最上の戦は敵の謀略を破ることである。

その次は敵国と他国との関係を破ることである。その次は敵の兵士を討つことである。良くないのは城を攻めることだ。

城を攻めるのはやむを得ない場合に行うものである。

◆陰謀や不祥事は先回りとアイデアで防ぐ

第三章「謀攻篇」の有名な言葉、「戦わずして勝つ」の後に来るのがこの「上兵は謀を伐つ」です。

謀というのは敵の策略、陰謀のこと。**これを先回りして潰すことができれば、自国に損害を受けることなく、敵国を後略することが可能になります。**まさに「戦わずして勝つ」方法のひとつです。

スコットランド・グラスゴー市にあるブキャナン通りで、オレンジ色の街灯を青色に交換したところ、犯罪が激減したという報告があります。

一方、日本では、奈良県警察本部が住宅地に青色防犯灯を採用したところ、犯罪率が減少する効果が確認され、その後、多くの都道府県で採用されるようになりました。

実際のところ、青色の光と防犯効果を関連付ける科学的根拠はまだ解明されていないようですが、街灯の色を変えて犯罪意欲を抑えようという取り組みは、まさに犯罪心という謀を伐つ作戦だといえます。

会社経営においても謀（不正）の類いは起こることがあります。

仕入れ担当者が仕入れ先から個人的にリベートやキックバックを受け取る、取引先と共謀して水増し請求書をさせた上でその水増し分を着服する、経理担当者が会社の金を横領する、などなどです。

雑貨や衣類、食料品など商品を扱う店舗などなら、お客様だけでなくお店で勤めているアルバイトや従業員の万引きも考えられます。

そういった不正を発生させないために、会社の仕組みとして整備できることはいろいろあります。

たとえば銀行などは、行員が取引先と癒着しないように、定期的に転勤させたり担当業務を代えたりして不正が起こらない仕組みにしています。

企業が経理担当者の不正を未然に防ぐには、預金を1人で引き出せない仕組みをつくることです。常に誰かと一緒に引き出すルールにしたり、定期的に入出金伝票を確認したりなど、できることはいろいろあります。

店舗での盗難防止なら、防犯カメラや従業員に対する荷物チェックなども検討する必要があるでしょう。

長年働いている社員だから大丈夫だとは思わないことが大事。 人間、いつ何があるかわかりません。真面目な社員も何らかの理由でお金のトラブルに見舞われることがあり、誘惑に負けて不正を働いてしまうこともあるからです。

どんな状況でも、すきを見せない仕組みをつくっておくことが大事です。

06 《名君賢将の動きて人に勝ち、成功の衆に出ずるゆえんの者は、先知なり》

名君賢将の動きて人に勝ち、成功の衆に出づるゆえんの者は、先知なり。

（第十二章「用間篇」）

【現代語訳】

聡明な君主や優秀な将軍が人に勝ち、成功を収める理由は、人に先んじて情報が手に入るようにしているからである。

◆情報収集はいつ何時でも重要

「先知」とは先に情報を仕入れること。

アメリカ合衆国の政治家で、東西冷戦の際にＣＩＡ長官を務めていた**アレン・ダレス**は、「孫子の兵法」を高く評価し、著書『諜報の技術』（鹿島研究所出版会）の冒頭でこの言葉を引用しています。

この言葉は、「用間篇」、つまりスパイ活動に関する心得を語ったものなので、そのまま現代のビジネスには当てはまりませんが、あえて教訓を得るならば、「情報収集の重要性」といえるでしょうか。


2020年、政府は、新型コロナウイルス感染症により影響を受けた企業に対して、給付金や貸付制度などにより、かつてない規模の資金支援策を展開しました。

たとえば「新型コロナウイルス感染症特別貸付」は、上限8千万円の融資を、借入期間20年(運転資金は15年以内)、実質無利子で受けられるというもの。

この好条件の融資を、「借金をしたくないから」という理由で見向きもしない経営者は多くいます。

一方で優秀な経営者は、これらの情報をいち早くキャッチし、申し込みし、事業の立て直しや新たな事業展開に活用しています。

また融資制度以外にも、日々の業務を効率化させるためのITツールの導入資金を2分の1から4分の3補助してくれるＩＴ導入補助金、テレワーク設備導入にかかる資金の補助、従業員の人材開発費用に対する助成金、各種税金の納期猶予・軽減策など、さまざまな施策が打ち出されています。

こうした情報を入手し、有利に活用できるかどうかで、企業の将来は大きく変わります。上手に活用した企業は、危機を乗り越え、さらに大きく成長することができます。

そして、こうした補助金や助成金といった施策は、期限や予算が定められているのが普通なので、早い者勝ちです。

このような情報をいち早く入手し、活用した者だけがその恩恵を受けることができるわけです。

インターネットが発達している現代では、公的な情報はホームページからすぐに入手できます。それを活用するかしないかで、企業やお店の将来が大きく変わってしまいます。

スパイでなくとも、経営者なら情報収集には敏感になる必要があるでしょう。

11《将とは智・信・勇・厳なり》

将とは、智・信・仁・勇・厳なり。

（第一章「計篇」）

【現代語訳】
将（リーダー）とは、知識だけでなくあらゆる物事に精通し、信義に厚く、勇猛であり、厳格である必要がある。

◆現代のリーダーにも必要な5文字

智・信・仁・勇・厳、これは孫武の理想とするリーダー像を端的に表している言葉といえます。

「智」とは知識のこと。物事の道理をわきまえ、さまざまな知識や情報を身につけた状態のことを指します。

具体的には、戦に勝つための戦略や戦術だけでなく、敵国の情報収集を行い、どんな攻撃にも対応できるように態勢を整えること。

そして数万人の兵士の能力や適性を見極め、適材適所に配置して、やる気を起こさせるために、励まして奮い立たせる能力。

さらに、間者（スパイ）が自国に紛れこんでいないか、こちらの作戦などの内部情報が漏れていないかチェックする鋭さ。

これらを備えた将軍が「智」のあるリーダーといえます。

「信」は信頼、信用、信義です。

ピンチになった時や状況が不利になった時に、相手に寝返るようなリーダーは当然ながら失格です。部下にも上司にも分け隔てなく真心を持って接し、決して人を裏切らないのが本来のリーダーといえます。

部下との信頼関係が構築されていれば、時には間違った判断をすることがあっても、問題にはなりません。

部下は「どんなことがあっても、このリーダーには付いていこう」と考えていますし、もし作戦が失敗に終わったとしても、それを不満に思うことはないはず。

そんな信頼関係を築くには、リーダーはどうすればいいでしょうか。

自国、敵国の情勢、戦術、戦略に詳しく勉強し、明確なビジョンを語り、時にはユーモアや冗談を言い、部下にももしものことがあれば身体を張って助け、悩みがあれば同じ立場になって考えるようでなければなりません。

腕力や権力を誇示して言うことを聞かせようとしても、反発したり反感を買うだけ。反対に物腰が低過ぎても頼りなく思えてしまうので、威厳は必要です。

リーダーには人間の中身が問われるということです。

部下はリーダーに、自分の名前や趣味や出身を覚えてもらえるだけでも嬉しいもので、自分のことを大切にしてくれているんだと思うとやる気につながります。

部下が多すぎれば覚えきれないかもしれませんが、少数のうちはできるだけ名前やプロフィールを覚え、積極的に話しかけるようにしたいものです。

「勇」は文字通り、難局にぶつかってもひるまない勇気です。

戦況は刻々と変化していきます。その変化する状況の中で適切に指示を出していく決断力、あらゆる状況を読み取っていく感性や観察力、見極めていく力がリーダーには欠かせません。

その上で、進むべき局面も、退かなければいけない局面も、どちらにしても正しく決断し、実行に移すことこそが、勇猛心です。

勇気のあるリーダーといって思い浮かぶのが、**乃木希典**です。

日露戦争における旅順攻囲戦において、乃木希典将軍は、海軍と参謀本部から総攻撃の司令に躊躇していました。

十年前の日清戦争と旅順攻略の頃で、敵の設備は変わっていないとの判断に基づく司令でしたが、諜報員からは、最新の砲台や水濠を強化した大要塞に変貌しているとの情報を得ていたからです。

そう簡単には攻略できないとわかっていた乃木希典将軍は、バルチック艦隊が日本攻撃に向けて出航し危機が募る状況で、一刻も早く旅順艦隊を撃破したい海軍と大本営の間で苦境に立たされていました。

２回の総攻撃の失敗で多大な犠牲者を出し、第３回の総攻撃においても甚大な被害が出るのがわかっていながら、苦渋の決断で攻撃の目標を要塞攻略から２０３高地に変更しました。

そして執拗な攻撃によってロシア軍を降伏させ、旅順要塞を攻略。その後バルチック艦隊の撃破に成功し、日露戦争における日本の勝利を確実にしました。

当時、圧倒的にロシア有利と予想されるなか、アジア人でしかも小さな島国の日本が大国ロシアに勝利したことは、日本のみならず他のアジア諸国の人達をも熱狂させる出来事でした。

ちなみに、乃木希典が生涯手放さなかった書籍は数冊あり、そのうちのひとつは吉田松陰の『孫子評註』です。

そして最後は「厳」。

戦では暑い夏や凍えるような寒さもあり、時には雨が降り続けることもあります。どんな環境にあっても組織を束ねて一致団結させて勝利に導くこと、それがリーダーの役目。

自分に対しても部下に対しても厳格でならなければリーダーは務まらないのです。

軍の規律を守らない者に対して厳格に対処することも必要です。「泣いて馬謖を切る」という言葉がありますが、時には可愛がっていた部下を処罰しなければいけない時もあります。

智・信・仁・勇・厳、この五文字を、普段の経営における指針としてみてはいかがでしょうか。

第3章

ライバルに勝利する5つの極意《天・地・人・形・勢》

01 5つの極意《天・地・人・形・勢》とは

◆物事を成功させるための要素

この章では、ライバルに勝つために、「孫子の兵法」を使ってどのように動けばいいのか、その具体的な戦略を考えていきます。

そのキーワードとなるのが**「天・地・人・形・勢」**です。

「天・地・人・形・勢」は中国思想においては馴染みの深い文字で、風水のなかでもよく使われています。

この5つのなかでも特に「天・地・人」は、物事を成功させるために必要な要素として重視されています。

たとえば孟子は、「天の時、地の利、人の和」という言葉を残しています。

「天」とは季節や時間、天候、時流などのこと、「地」とは地勢・地形、ポジショニングのこと、そして「人」とは人材や組織のことを指します。

ここに「形・勢」、つまり体制と勢いが加わることで、あらゆる取り組みを成功に収めることができると中国思想では考えられています。

「天・地・人・形・勢」は現代のビジネスにおいても、経営者がまず押さえておくべき要素といえるのではないでしょうか。

では次のページから、それぞれの文字に関連して、「孫子の兵法」のなかでどんな言葉が挙げられているのか紹介していきましょう。

02 『天の時を知る』

◆1．二に曰く天（第一章「始計篇」）

第一章「始計篇」のなかでは、戦争において考慮すべきこととして5つのポイント（道、天、地、将、法）が挙げられています。

2つめの「天」は、季節や時間、天候、時流などのことを指します。

長期間にわたって行われる戦争には、さまざまな「天」が影響を及ぼします。晴天の時もあれば台風など荒天の時もある。季節も変わる。いろいろな巡り合わせで、敵国を攻めるのにちょうどいい時もあれば、攻めないほうがいい時もある。そういった「天」の状況をよく見て戦略を立てなければならないということです。

この「二に曰く天」は第一章の冒頭にあることからも、孫武が戦において「天」の要素を最重要項目と考えていたことがわかります。

現代のビジネスに置き換えれば、**何事にもタイミングが大事ということです。**

たとえば、インターネットビジネスなどは最もタイミングが重要なジャンルですね。

日本においてＥＣサービスの草分けと言えば「楽天」です。楽天が「楽天市場」をスタートしたのは１９９７年のこと。

その頃は、まだＥＣサイトなんてどんなものか、ビジネスとして通用するのかどうかすらわからない状況でした。

その時に思い切って楽天市場に出店した企業は、ライバルが少なかったために、比較的すぐに売上が立ち、おいしい思いをできたようです。当初は出店費用も安めでした。

しかし、ＥＣサイトが盛り上がっていくにつれて出店者の立場は厳しくなります。

今では楽天市場への出店費用は高くなり、ショップを開いたとしても、競合他社のなかからユーザーに選ばれるのは難しい状況です。多額の広告費用を掛けたり、価格勝負に走ったりすることでしか勝機を見出しにくくなっています。

市場に参入する時期の違いで、ビジネスのやりやすさが大きく変わるということです。

ユーチューブも同様です。

子供たちに絶大な人気を誇るヒカキン氏をはじめ、ユーチューブにいち早く参入し、継続してきた人たちは、たくさんのチャンネル登録者を獲得し、多額の広告収入を得る基盤をつくることができました。

しかし昨今では、芸能人も次々と参戦するなど、競争がどんどん激化しています。今から知名度もない一般人がユーチューバーとして参入し、収入を得ることはかなり難しい状況です。

ユーチューブもやはり、参入するタイミングが成否の鍵を握っていました。

飲食店なども同様で、いいタイミングを見計らってビジネスをスタートすることが大切です。

タイミングといっても、流行などに合わせることだけではありません。オープンにあたって十分な準備をすることもそのひとつ。

十分な準備を行わずに店をオープンしてしまったがために、本来なら3分や5分でできる商品提供に、20分、30分もかかってしまい、せっかく来てくれたお客様の信頼を損ねてしまうことがあります。

その結果、SNSなどで悪い口コミを書かれてしまい、評判を回復するまで何年もかかってしまう、ということもよくあります。

ビジネスを行う際は、「天」、つまりタイミングに十分な注意を払わなければなりません。

◆2．天の災いには非ず（第十章「地形篇」）

第十章「地形篇」では、さまざまな地形に応じた戦い方について解説されていますが、そのなかで、兵士について述べている個所があります。

兵士は、退却することがあり、緩むことがあり、落ち込むことがあり、崩れることがあり、取り乱すことがあり、敗北することがある、という一節です。

そして、これらのトラブルの原因は、天災にあるのではなく、**将軍が犯した過ちであると語られています。**

ビジネスにおいても同様で、業績の悪化や事業運営におけるトラブルの多くは、人・組織が原因で起こります。

そして、さらに元を辿れば、経営者・リーダーの不手際や力不足が原因であることが多いのです。そこをまずしっかりと認識しなければなりません。

「成功は社員の手柄、失敗は自分の責任」と自覚するということです。

その反対に「成功は自分の手柄、失敗は社員の責任」と考えていると、社員の信頼を得ることができません。

もちろん、万事を尽くしていても、天災や景気悪化など外部環境の変化によって、事業がうまくいかないことはよくあります。

しかし同じ環境のなかで、同業者のすべてが業績を悪化させているかというと、決してそんなことはありません。

新型コロナで飲食店が総崩れになった状況でも、マクドナルドだけは好調を維持していたように、危機的状況にこそ底力を見せる会社もあるのです。

東日本大震災の際、あるサバ缶工場は、工場の設備が流されたり壊れたりしてしまい、営業を再開しようにも手立てがありませんでした。

そこで、クラウドファンディングで惨状を訴え、立て直しに向けた計画を発表することで、多額の資金を集めることに成功し、見事復活を果たしました。

また、コロナ禍で緊急事態宣言が発令されて客足が途絶えた和菓子店が、危機的状況をツイッターで訴えたところ、多くの人が来店してくれて店を盛り返すことができた、という事例もあります。

月並みな言葉ですが、ピンチの裏にはチャンスがあります。諦めてはいけません。

◆3．兵は拙速を聞くなるも、未だ巧久を睹ざるなり（第二章「作戦篇」）

この言葉は、「拙速は巧遅に如かず」ということわざの語源と言われているようです。戦が長期化していいことはありません。たくさんの死人・けが人は出るし、食糧も減っていきます。

すべてが計画通りにいかなくても、多少雑なところがあったとしても、早めに終わらせたほうがいいこともあるわけです。

仕事においても同様のことがいえます。

すべてを１００％完璧にやろうとしていては、いつまでたっても物事は前に進みません。

特に現代においてはスピードが重視されます。10日かけて100%を目指すよりも、70%でいいから5日で提出する。その方が修正・変更に対応する時間も生まれて、結果的によいものができる場合もあります。

とはいえ、「孫子の兵法」では、何でも拙速がいいと言っているのではありません。「兵は拙速を聞くなるも、未だ巧久を睹ざるなり」に続く言葉は、「それ兵久しくして国の利する者は、いまだこれ有らざるなり」（戦が長期化して国家に利益をもたらしたことはない）ですから、重要なのは国家の利益です。国家の利益が見込めるようなら、焦らずじっくりと戦えばいいわけです。

新規事業の企画、企業やお店の新規出店なども、拙速よりも巧遅が求められる分野といえるでしょう。特にお店の開業・出店は慎重に準備をするべきです。拙速で準備して成功するほど甘い物ではありません。そして失敗すれば大きな痛手を被ります。

その反対に、出店後の新メニューの開発や新サービスの提供などは、拙速の要領で次から次へと試していけばいいでしょう。

拙速は大事ですが、いざという時はじっくりと考える。ケースバイケースでいきましょう。

03『地の利を得る』

◆１．地を知り天を知らば、勝はすなわち全(まっと)うす（第十章「地形篇」）

「地」とは地勢・地形、ポジショニング、環境のこと。これらを把握して、さらに「天」――時期や事象を把握してから戦えば、勝利を収めることができるという意味です。

戦では、地理的条件が勝敗を大きく左右することになります。そして、自国の領地で戦うこともあれば、敵国に赴いて戦うこともあります。

自国であれば勝手がわかっているので有利に戦えますが、敵国の場合は敵のほうに歩があるわけです。

それでも負けないようにするためには、地勢・地形をできる限り把握する必要があります。地を知ることは、敵を知ることでもあります。ここでもやはり情報の重要性が認識されることになります。

ビジネスにおいても、立地条件が成否を大きく左右します。

立地が悪ければ集客が見込めず、売上が立たないのは当然ですが、立地の良さだけで出店する場所を選べば、家賃が高すぎて利益が出なくなります。立地と家賃のバランスを見極めることが大事です。

私の知人で物販ビジネスをしている方は、お店とは別にイベントなどに出張して販売をすることがあります。

いろいろな場所に出店するのですが、同じ商品を扱っていても、場所によって売れ筋の商品が変わってくるそうです。

たとえば、出店料の安い公民館で販売する時よりも、高級ホテルの宴会場などで販売した時のほうが、高額商品が多数売れるケースも多いのです。高級ホテルを借りるには高い出店料がかかるものの、十分に元は取れるとのことです。

比べてしまっては悪いのですが、投資話などで客を騙そうとする詐欺師の考え方も同じですよね。相手をだます時の打ち合わせには、安い店ではなく、やや高めの喫茶店や高級ホテルのロビーなどを使い、信用させようとします。

顧客は「こんな高級店を日常的に使っている人なら、本当に儲かっているのだろう」と信用してしまうわけです。人をだます行為は論外ですが、参考になる部分はあります。

ビジネスにはそれぞれ、最も適した場所があります。**場所・立地・環境について徹底的にこだわり、自社にとって最適なポイントで勝負することが成功の要因といえるのです。**

◆2. 地の道は将の至任(しにん)(第十章「地形篇」)

これは第十章「地形篇」にある言葉で、正確には、「おおよそこの六者は地の道なり。将の至任にして察せざるべからざるなり」(この六通りは地形の道理である。将軍の重要な任務として考察しなければならない) となります。

六通りの地形とは、「通じ開けた場所」「通るのに障害がある場所」「枝分かれした道がある場所」などのこと。

地形に応じた具体的な戦い方なので、そのままビジネスには当てはめることはできませんが、「出店の成功法則をつくりあげよ」と考えれば、参考になるのではないでしょうか。

ハイデイ日高は、低価格ラーメン・中華料理の**「日高屋」**業態を中心に、首都圏で

500店舗近くを展開する飲食チェーン。

その日高屋では、新店舗の出店の最終決定をすべて社長が行っているそうです。

もちろん、候補地を見つけて絞り込むまでは専門の部隊が行いますが、最終的に決めるのは社長の直感。いくら条件が整った場所でも、社長がいいと思わなければ出店できません。

立ち食い店の**「名代　富士そば」**を運営する**ダイタングループ**も同様です。

まずは常務を中心とするチームが、出店候補地のなかから、「駅から100メートル以内」「5分間に100人以上の人通りがある場所」などの条件で有力候補を絞り込みます。

そして厳選された候補のなかから、最終的には会長が「秒殺」で判断します。資料を見て良さそうな場所だと思い、現地視察に行った結果、「やっぱりダメ」と却下されることもあるそうです。

最終的には経営者の直感が決め手となっているわけです。

店舗立地には数値的に表せる条件だけでなく、見た目の印象やなんとなく感じる雰囲気も重要ということ。これは私にも覚えがあります。

私は以前、風水の仕事をメインにしており、店舗立地をたくさん鑑定してきました。1

店舗を出すための鑑定で、100店舗以上の物件情報を見ることもありました。

その時によく感じたことは、いくら駅前の好立地にあっても、成功するのが難しい店舗が必ずあるということです。

そのような店舗には、新しいテナントが入ったと思ったらすぐに退店し、しょっちゅうテナントが入れ変わっています。飲食店に限らず、どの業種が入っても同じです。そこには何か、理屈では説明できない原因があるのでしょう。

その逆に、一見イマイチの立地でも、どのテナントが入っても必ず成功するような幸運に恵まれた立地もあります。

立地を見抜く勘を身につけるには経験を積むしかありません。不動産は「千三つ」と言われますから、とにかく現地をたくさん視察して、目を養うことが必要なのです。

◆3. 軍は高きを好む(第十章「地形篇」)

軍を配備する場所として、低地ではなく高地、暗い場所ではなく日当たりの良い場所、そして水や草の豊富な場所を選べと、「孫子の兵法」では言っています。

敵からの攻撃を見つけやすく、かつ兵士の健康に対して悪影響を及ぼさない場所がいいとのことです。

現代の経営においてこれを生かすなら、**オフィス環境の整備に配慮する、**といったところでしょうか。

業種によってオフィス内でのデスクの配置はさまざまです。

チームが集まって島型レイアウトを形成している会社もあれば、個人個人が作業に集中できるように、全員のデスクを壁側に配置して、隣りのデスクとの間に仕切りを設けるレイアウトにしているところもあります。

ちょっとしたレイアウトの変更、オフィス家具の仕様によって、社員の作業性や生産性は大きく変わってきます。

1日中イスに座って作業をしているプログラマーのような職種が多い会社では、イス代わりにバランスボールを使ったり、あるいは眠気覚ましになるようスタンディングデスクを用いたりと、いろいろな工夫をしています。

社員にとってどのような環境が快適か、どのようなオフィスにすればコミュニケーションが促進されるのか、試行錯誤することが大事です。

私がよくクライアントにアドバイスをしているのは、**社長室の配置**です。

1人だけ立派な個室を設け、外から全く見えない環境で仕事をしている社長も多いようですが、あまり感心しません。

社員からも社長からもお互いの姿が見えないと、コミュニケーションが生まれづらく、緊張感も薄れてしまいます。社員の心も離れてしまうでしょう。

また、社長室に引き籠もっているだけだと、現場のことがわからなくなります。すでに社長室があったとしても、そこに籠もってばかりいるのではなく、社員と一緒に仕事をするべきです。

社員全員が見渡せる場所に席を取り、社員の仕事ぶりを確認したり、積極的に話しかけたりしながら仕事をしましょう。そうすることで、社員と社長が近くなります。それにより現場の感覚が養われ、現場に即した正しい経営判断ができるようになります。

04 『人の輪を結集する』

◆1. 卒を視ること嬰児の如し(第十章「地形篇」)

「孫子の兵法」では、兵士、つまり人材の扱いについて、さまざまな角度から取り上げています。この「卒を視ること嬰児の如し、故にこれと深谿に赴くべし」は代表的な一節です。**「兵士たちのことを赤ちゃんのように扱う、だから兵士たちは、一緒に深い谷底にでも行くことができる」**という意味です。

企業においても、社員を大切に扱えっている企業では、いざという時に社員たちががんばってくれます。反対に、ブラック企業という言葉が一般的になっているように、社員のことを使い捨てのコマのように扱う企業は多く存在します。

そのような企業は、強引なやり方で一時的に業績を伸ばしたとしても、社員に訴えられたり、無理がたたって不正が行われたりして、結果的に業績が悪くなります。

社員を本当に大切に扱うことで業績を伸ばしている企業はたくさんあります。

岐阜県にある設備資材製造メーカーの**未来工業**もそのひとつ。

同社は「残業原則ゼロ」「1日7時間15分勤務」「年間休日約140日」など、働きやすさを重視した制度や仕組みが特徴。サークル活動に月1万円を支給したり、社員旅行は海外だったりと、福利厚生も充実しています。

そのように社員を大切にする会社だからこそ、社員はものすごく熱心に前向きに働いてくれるそうです。同社はそのホワイトっぷりがメディアで取り上げられ、「日本一、社員が幸せな会社」として知られるようになりました。

その結果、「こんないい会社に就職したい」と優秀な社員が集まり、業績も向上。さらに社員の待遇が上がるという好循環を生み出しています。

「お菓子のデパート よしや」を運営する大阪府の**吉寿屋**は、ユニークな社員還元の取り組みが有名です。

産休・育休、評価制度などの基本的な人事制度もきちんと整えたうえで、

・年1回、あみだくじで2名に純金の延べ棒プレゼント

・永年勤務記念に海外旅行・国内旅行プレゼント（行き先を選べる）
・社員の子供に入学祝い（幼稚園〜大学まで）で現金または文房具をプレゼント
・季節の食べ物プレゼント（年3〜4回）
・社員の家族にお菓子セットプレゼント

などの取り組みを行っています。

給料はそれほど高いとはいえませんが、これらの福利厚生があるために、社員が毎日楽しんで働いてくれるそうです。

もちろん、待遇や福利厚生の充実だけが大事なのではありません。

どのような方法でもいいので、**社員一人ひとりが、「自分は大切にされている」と実感し、やる気を持って働ける環境を整えることが大事なのです。**

たとえば、経営者が社員に積極的に話しかけ、コミュニケーションをとることも、社員にとっては「大切にされている」「気に掛けてもらっている」と実感する出来事のひとつ。

大企業ではなかなかできませんが、中小企業なら、経営者が社員一人ひとりとコミュニケーションを取ることはそう難しいことではありません。

時には仕事の愚痴を聞いたり、相談に乗ったりして、社員に気を配ってみてはいかがでしょうか。

◆2. 手を攜うるが若くにして一なるは（第十一章「九地篇」）

「故に善く兵を用うる者、手を攜うるが若くにして一なるは、人をして已むを得ざらしむなり」（それゆえ戦の巧みな者が、手を取り合っているようにひとつになっているのは、そうならざるを得ない状況にさせているからである）

昔の中国の戦には、何万人もの兵士が参加しました。

しかし、いくらたくさんの兵士がいても、一人ひとりがバラバラに行動していては勝つことができません。

軍隊を統率し、一致団結する体制をつくる必要があります。そしてそれは将軍の役割です。

現代においても同じで、**強いチームワークは放っておいて勝手に発揮されるものではありません。リーダーがそうなるように仕向けるからこそ、チームワークが生まれます。**

名経営者はチームワークを高めるための仕掛けをいろいろと実践しています。

たとえば**京セラ創業者で日本航空名誉会長の稲盛和夫氏**が推奨しているのは、**「コンパ」**です。

稲盛氏の言うコンパは、社員同士の単なる飲み会、いわゆる「飲みニケーション」ではありません。**経営者と社員、上司と部下、同僚同士が、仕事上の悩みや生き方を語り合い、人間的に成長する場です。**コンパによって、日頃の悩みが愚痴や陰口になることなく、発散することができます。

詳しくは『稲盛流コンパ』（北方雅人、久保俊介 著／日経BP社）などを参考にしていただければと思います。コンパが単なる飲み会ではなく、チームワークを高める手法として確立されていることがわかるはずです。

ただ最近の若者のなかには、「会社の飲み会なんて面倒くさい」と参加しない人も増えています。下手に飲み会を強制すれば逆効果になってしまうので、そこは上手にやる必要があります。たとえば昼のランチ会だけにするなど、いろいろなやり方が考えられます。

大事なのは、腹を割って社員と話し合う機会を作ることです。まとまった時間をつくることで、単なる休憩時間では話すことのできない、濃密な話ができるはずです。

◆3．これを往く所なきに投ずれば（第十一章「九地篇」）

「これを往く所なきに投ずれば、死すとも且た北げず」（行き場のないところに行けば、死ぬことがあっても逃げることはない）。

この一節だけを読むと、「孫子の兵法」が、社員を追い込むブラック企業と同様の思想を持っているかのように思えますが、それは違います。

その前の段階で、「静養し疲労させることなく、士気を高め、力を蓄えて、巧みに攻略を考えろ」と言っているからです。つまり、**兵士の体調や精神面について十分なケアをしたうえで、重要な局面に臨めば、兵士は団結し、死力を尽くして戦ってくれる**と言っているわけです。

エイチ・アイ・エス（H－S）を一代で築き、ベンチャーの旗手と呼ばれた沢田秀雄会長兼社長も、孫子の兵法やランチェスター戦略を活用している経営者の1人。

彼が常に心掛けているのが、どの分野に進出してもナンバーワンを取るという戦略です。同社ではこの戦略を**「各個撃破」**と呼んでいます。

全拠点でナンバーワンを狙うのではなく、地域を定めて、どうすれば他社に勝つことができるのかを考えて、勝てる状況を作り出し、人材や資金を集中して投入する戦略です。例えば、バリ島の送客でナンバーワンを狙い、成功すれば次にタイ、次に韓国……と順番にエリアを絞っていくことで、力が分散することなく集中して勝負することが可能になります。

最初から全エリアナンバーワンを狙うと時間、労力、コストもかなり掛かってしまい、社員のモチベーションも上がりませんが、ひとつのエリアでのナンバーワンなら挑戦しやすいですし、成功すれば一番になったという大きな自信になり、次のエリアを攻略する際にも良い循環となります。

この戦略の結果、大手企業も参入しているなかで、ＨＩＳはアジアの全てのエリアでナンバーワンになったのです。

「地域でナンバーワンになる」などの明確なビジョンが示された時に、人は大きな力を発揮します。これと同じように、社員がモチベーションを最大限に発揮して仕事に取り組んでくれる状況を用意してみてはいかがでしょうか。

参考：NIKKEI STYLE「目立たず1番に・唯一の価値追求　勝つ経営の方程式」
https://style.nikkei.com/article/DGXMZO32049360R20C18A6000000/

◆4.民の耳目を壱にする（第七章「軍争篇」）

「故に金鼓・旌旗なる者は人の耳目を一にする所以なり」（それゆえ太鼓や鐘、旗や幟を使うのは耳や目で統一して確認できるからだ）

昔の戦争では、たくさんの兵士がいて、なかにはのぼり旗を掲げる係、太鼓を叩いて軍隊を鼓舞する係などもいました。兵士たちを一致団結させるための工夫だったわけです。

今の会社・店舗でいえば、その役割を果たすのは、朝礼でしょうか。

業種によって朝礼をやったほうがいい会社とそうでない会社はあるかと思いますが、**たとえば営業部隊が中心の会社は絶対に朝礼をやるべきです。**

朝礼によって重要なことを周知でき、社員には各自の1日の目標・役割を自覚させることができます。また、朝礼を行うことで一人ひとりにポジティブな感情を抱かせ、全体の士気を高めることができます。

朝礼がない場合は、連絡事項の徹底や1日の目標・役割の確認をせずにスタートすることになります。自覚を持って動ける社員ばかりの会社ならいいかもしれませんが、そうでない会社なら、ダラダラとスタートを切り、目標・役割があいまいなまま1日を過ごしてしまうことになりかねません。

朝礼で経営理念や社是を唱和するといったことをやっている会社もあります。なんだか古くさく、あまり意味がないように思えますが、やってみると意外といい気持ちがするもの。朝から声を出すことで目が覚めて脳が活性化しますし、経営理念を社員に浸透させることにもつながります。

活気溢れる朝礼をやっている会社は、たいてい業績もいいものです。もちろん、ダラダラとやるのではなく、手短にやることが大切。ぜひ試してみてください。

05『形を極める』

◆1. 積水を千仞の谿に決する（第四章「形篇」）

積水化学工業の社名の由来ともなったこの言葉、正確には、「勝者の民を戦わしむるや、積水を千仞の谷に決するが若き者は、形なり」（勝者が人民を戦わせる時は、堰き止めた水を千尋の谷底へ一気に放出するような形勢である）という一文です。

戦の勝者となるにはそれくらいすごい勢いが必要ということなのでしょう。ダムから水が放水されるような様子がイメージされますね。

ダムと言えば、**松下幸之助氏の説く「ダム経営」**が思い浮かびます。

その覚悟、そのやり方につきまして、私は〝ダム経営〟という名前をつけたんです。水を流れるままに流して水の効用をムダにするのは、まことにもったいないことである

のみならず、そこからたくさんの被害が起こってくる。それでところどころにダムをつくりまして、水の流れの調整を図る。天から受けた水は一滴もムダにしないようにやろうというので、今日、各所にダムをつくって水の効用を経済的に生かしているわけでございます。

『松下幸之助発言集ベストセレクション第二巻　経営にもダムのゆとり』（松下幸之助／PHP文庫）

そして、資金や設備、在庫、人材、技術など、経営のあらゆる局面にも「ダム」のように一定の余裕が必要であると松下幸之助氏は言っています。余裕があれば、常に安定的な供給が可能だし、少々の需要変動にも対応できるからです。

また普段からダムに水を溜めておけば、いざという時、ダムから放水するかのように勢いよく物事をすすめることができます。その水の勢いが勝負を決することもあります。

松下幸之助氏の講演で、ダム経営の考え方を聞いて、感銘を受けた経営者がいます。**稲盛和夫氏**です。

講演では参加者から、「ダム経営は理想だが、どうしたらできるのか？」という質問が挙がったそうです。

これに対して松下氏は、「強く念じることですな」と答え、会場に笑いが広がりました。しかし、稲盛和夫氏はその言葉を聞いて、笑うどころか大いに感動したそうです。そして、経営に対して強く念じるほどの思いは自分になかったことを反省し、以後もっと熱意を持って経営に打ち込むようになったとのことです。

◆2．兵の形は水に象る。兵を形すの極みは無形に至る（第六章「虚実篇」）

中国の古典では、水のことを尊い存在として扱い、いろいろな事象を水にたとえた文が出てきます。

たとえば「老子」にある、「上善は水の若し」（最上のあり方は水のようなものだ）という言葉は有名ですね。

「孫子の兵法」のなかにも、先ほどの「積水」ほか、水にたとえた言葉はいくつか出てきます。そのひとつがこの「兵の形は水に象る」です。「兵の軍形は水の形のようなものだ」「それゆえ軍の態勢を極めると、無形に到達する」という意味になります。

経営も水のように、常にかたちを変えながら、何にでも臨機応変に対応することが大切

です。

稲盛和夫氏の著書にもこんな一節があります。

京セラは、身のほど知らずにも、どんな難しい注文も「できます」と受注し、身の丈以上の製品開発に挑戦し、苦心惨憺して、つくりあげ、お客様に納品していった。すると、やがて京セラは、ファインセラミックスの分野では、世界一といわれる企業にまで成長するとともに、そのファインセラミック技術を核に多角化を果たし、現在では、売上が一兆三〇〇〇億円規模に達するまでに成長した。

『燃える闘魂』（稲盛和夫／毎日新聞社）

お客様からのちょっとずれた注文に、「うちではできません」などと答えていたら、その後の京セラはなかったといえるでしょう。どんなことにもまず「できます」と答え、それから解決策を考えていくことで次のチャンスにつながるのです。

もちろん、「うちは得意分野だけに特化する」と集中する戦略も有効なのですが、時にはお客様のニーズに柔軟に対応していくことが、結果的にお客様が本当に求める商品・サービスにつながることもあるのです。

◆3．道を修めて法を保つ（第四章「形篇」）

戦で勝利を収めるリーダーは、「道を修めて法を保つ」（道理を修めて統制を守る）のが上手であると「孫子の兵法」では述べられています。

「法」とは、そのまま法律のことでもありますが、法則、ルールなども意味します。さらには、兵力の数、武器や食糧の数、戦場の広さや距離など、あらゆるものを定量的に計算することも「法」に含まれます。

これは、将軍の経験と勘で大ざっぱに戦っていた当時の戦争の手法と比べて、非常に画期的だったはずです。

現代経営でもやはり、データに基づいた分析と戦略立案が非常に重要になっています。

たとえば、ホームページを持つ企業・店は多いですが、アクセス解析をしてそれを改善に役立てたり、目標値を設定したりしているところはまだまだ少ないようです。

グーグルアナリティクスなどの解析ツールを使えば、ホームページの訪問者数はもちろん、訪問者が多い時間帯、どのようなキーワードで検索してたどり着いているか、自然検索（検索エンジンの結果画面）からの訪問が多いのか、ＳＮＳからの訪問が多いのかなど、さまざまなことがわかります。

それによって、ホームページの文言を変えたり、ＳＮＳでの活動方法を考えたりなど、ホームページの改善・改良ができます。また、ＰＲや広告の打ち出すタイミングを変えてみるなど、マーケティング活動全般の改善・改良にもつながる、いろいろな戦略が立てられます。

新商品発売に合わせてターゲットを絞ったリスティング広告（検索キーワード連動型広告）を出稿して、閲覧者数と売上の関連性を見るといったことも可能になります。これにより、１件の成約あたりの広告費用が把握できれば、次の広告予算も立てやすくなります。

ホームページのアクセス解析は、慣れていないと面倒でよくわからないもの。しかし、売上をきっちりと上げている企業や店舗は有効に活用しています。

基本的な項目だけでもいいですし、外部に委託するのでも構いません。少しずつ取り組みを始めて経験を積んでいくことが大切です。

06 『勢を生み出す』

◆1．勢は弩をひくが如く（第五章「勢篇」）

「孫子の兵法」のなかにはたびたび、勢いの大切さを説く一説がでてきますが、この「勢は弩をひくが如く」（勢いは弓を張るように）もそのひとつ。

勢いを表す言葉として、「激しい川の流れが石に押し出すように」「鷲や鷹のように一撃で仕留める」などと添えています。

定量的に測ることはできないものの、強さや活気、活発な様を表す言葉として「勢い」はよく使われます。

私たちも日常的に、「彼は勢いがあるな」「勢いで負けている」などと感じることはあるのではないでしょうか。

では、事業や経営において「勢い」を出すにはどうすればいいのでしょうか。

これは方程式のようなものがあるわけではありませんが、ひとつのヒントは**「量」**にあります。

日本のＩＴベンチャーの代表格である**サイバーエージェントの藤田晋社長**は、起業当初、自分に対して「週１１０時間労働」という目標を設定していたそうです。

平日９：００～深夜２：００まで5日間毎日働いて土日に12時間ずつ働くと達成できる目標です。体力的な消耗も大きい営業職ではこのくらいが限界だと思います。何故こんな訳のわからない目標を立てたかというと、仕事以外のことをしたり考えたりすることを物理的に不可能にして、時間も神経も完全に会社と仕事に集中したかったからです。

（出典：サイバーエージェントホームページ「トップメッセージ」）

もちろん長時間働けばいいというものではありませんが、それでも大量にアウトプットをすることで、「勝ちパターンを得られた」と藤田氏は語っています。

他を圧倒するような大量の行動で「勢い」を獲得した事例といえます。

私の友人の経営者でも大量の行動で危機的状況を打開した人がいました。

業績が上がらず困っていた彼は、ユーチューブに活路を見出し、商品や会社を紹介する動画を毎日継続的にアップロードしていきました。その結果、彼の会社のユーチューブチャンネルには3万本以上にもなる動画のストックができました。

1本1本の動画の再生回数は少ないものの、それだけ大量にアップロードすると、グーグルで検索した時の結果にその動画が引っかかります。そして動画の詳細欄を見たお客様から問い合わせがくるようになり、徐々に売上に結びつくようになったのです。

天才画家のピカソも、世界を席巻したビートルズも、膨大な練習をこなしていたといいます。「量より質」という考え方もありますが、量をこなすことで、それが結果的に質の向上につながることもあるでしょう。

まずは量をこなすことが、「勢い」をつくる大きなポイントであることは間違いありません。

◆2. 正を以て合い、奇を以て勝つ(第五章「勢篇」)

「およそ戦は、正攻法で闘い、奇襲法で勝つ」という意味のこの言葉、奇襲作戦も「勢い」

をつくり出す大事なポイントということです。

私が個人的に特に好きな言葉でもあります。

中小企業は、大企業とまともに戦っても勝てるわけはありません。時には奇襲法を繰り出すことが大切ですし、それを自由にできることが中小企業経営の楽しさでもあります。

奇襲法で思いつくのは、**東京のボウリング場「笹塚ボウル」**。老舗ボウリング場なのですが、やることは個性的です。

たとえば、ボウリング場なのに結婚式もできる。お正月には、カフェスペースにて書初めイベントを開催。天井からミラーボールを吊り下げているのでＤＪイベントに使われることも。ボウリング一辺倒ではなく、他の用途でも使ってもらうことで、売上アップに成功しています。

また、先ほども出てきた**「お菓子のデパート よしや」**はある時、心斎橋店の営業開始時間を、朝9時から朝7時に変えました。これにより、サラリーマンが出社前にお菓子を買っていくようになり、売上が3割も伸びたそうです。

埼玉県所沢市の**「うずら屋」**は、うずら卵20個分を使ったオムライスを考案したところ、人気を博し、看板メニューとして定着しました。

石川県白山市の山奥にある大判焼きのお店「山法師」と姉妹店の「おもてや」は、いつも行列ができている人気店です。

人気の秘密はモチモチの薄皮に、普通の大判焼きの倍くらいあるぎっしり詰まった餡子。

オーナーが約30年前に餡子がどれだけ入るか遊び感覚で試したところ予想以上に好評だったので販売したのです。

吉野谷の水と富山県産の卵と蜂蜜を入れた生地に、サッパリした特注品の餡子は、苦手な人でもいくらでも食べてしまうと評判を呼び、『秘密のケンミンショー』でも取り上げられました。

美味しさを極めた〝正攻法〟と、ぎっしり詰まった餡子のボリュームが〝奇法〟となり、地元では知らない人はいないくらいの人気店になっています。

このように、奇襲法といってもそれほど難しいものではありません。「別の用途を提案して新たな客層を取り込む」「ちょっと視点をずらす」「通常より量を2倍にする」など、少し考えれば思いつくようなことが多いのです。

それを実際にやることで、成功するかどうかはわかりません。しかし、なかには面白がってくれる人がいて、SNSで発信してくれて、大きな話題になるようなことはよくあります。

考える時間も楽しいですから、奇襲法にチャレンジしてみてください。

◆3．その虚を衝けばなり（第六章「虚実篇」）

相手の弱いところ、自社にとって勝ちやすいところを見つけて突く、これは競合他社との戦いにおいては必須の戦略です。

針でツボを突くように、ピンポイントで弱いところを攻撃すれば、そこに突破口が生まれます。

自分たちよりも優位な立場にいる相手の弱点を一点見つけるだけでも、形勢が大きく変わることがあります。

1980年代に大きな話題となった「ロス疑惑」。被告の三浦和義氏を弁護していたのが無罪請負人といわれる**弘中惇一郎弁護士**です。彼は何度も現場に足を運び、徹底的に記録を読むことで、検察の偽証を見つけ出し、その一点に絞って攻めることで、99％敗訴といわれる刑事事件で無罪を勝ち取りました。

ビジネスにおいても同様に、幅広く何でも手を広げるのではなく、一点に集中することで成功した例はいくらでもあります。

飲食店であれば、超大盛りメニューや、独自の食材を使ったオリジナルメニューの提供などが考えられるでしょう。

お客様、特に女性の心を突くようなメニューやサービスがあれば、SNSの時代ではすぐに話題になり、行列ができる人気店になることができます。

愛知県岡崎市のスーパー「ダイワ」では、本物のメロンをカットして器にして果肉を乗せたメロンのかき氷や、桃の果肉を贅沢に丸ごと使ったかき氷など、「八百屋の作る本気のかき氷」を考案して売り出したところ、店前に大渋滞ができるほどの大ヒットとなりました。

同じく厳選した新鮮なフルーツを使った「八百屋の作る本気のフルーツサンド」も千個が1時間で完売、休日には1時間以上並ぶほどの人気商品です。

同社がこうした商品をアピールするために使っているのはインスタグラム。同社のインスタグラムアカウントには、4万人近くのフォロワーがいます。

大阪府八尾市の珈琲店「ザ・ミュンヒ」は、駅から15分、お世辞にもきれいとはいえない外観や内装にもかかわらず、海外からも取材にくるほどの話題のお店です。

その理由は、コーヒー1杯を抽出するのに1時間を掛け、値段は数千円……中には1杯10万円のコーヒーもあるからです。

もちろんただ高いだけでなく、コーヒー好きのマニアを唸らせるだけの味があります。最高級の豆をブレンドし、抽出に時間を掛けることで、どこにも無い絶妙なコーヒーに仕上げています。この熟成したコーヒーを目指して、全国からコーヒー愛好家が訪れるだけでなく、世界のＶＩＰもお忍びで来店するほどです。

あなたのお店・会社でも、一点だけでもキラリと光るような強み、アピールポイントをぜひ見つけてください。

◆4．始めは処女の如く、後は脱兎の如く（第十一章「九地篇」）

「始めは処女の如くにして、敵人戸を開き、後は脱兎の如くにして、敵拒ぐに及ばず」

初めは大胆にではなく、慎重に事を運べ、ということです。

これは、自社が何か新しい取り組みをする時だけでなく、顧客に対して商品・サービスを買ってもらおうとする時にも役立つ言葉です。

たとえば住宅販売において、何千万円もする住宅を買うように強引にお客様を説得しても、誰も買ってはくれませんよね。それどころか、警戒されて逃げられてしまうのが落ちです。

だから住宅販売会社はどうしているかというと、メールマガジンやオウンドメディアで家探しに役立つ情報を提供したり、無料体験会や相談会を行ったりと、入り口の部分ではできるだけハードルを下げています。

「アンケートに答えてメールアドレスだけ」を獲得するところから始めて、「氏名・住所の提供」「体験会の案内」というふうに徐々にハードルを上げていき、やがて「住宅プランの提案」「見積もりの提案」といったように、話を具体的にしていきます。

そして気づいた時には顧客は、もう住宅を買う気になってしまっているわけです。

このように、小さな提案を繰り返して徐々にハードルを上げていく作戦を**「フットインザドア」**といいます。

訪問営業で、ドアに足をかけて「ちょっとだけ話を聞いてください」と言って承諾してくれた顧客なら、契約まで持っていけるという経験則に基づいた心理テクニックです。

エステサロン、脱毛サロンなどの「５００円お試し券」、化粧品の「サンプルセット」、ソフトウェアの「30日間のフリートライアル」なども、同様のテクニックといえます。無料や低価格でまずは気軽に使ってもらい、そこを突破口にして、うまくセールスにつなげるわけです。

たとえば、お試し・無料期間が終わる頃に、「お試し体験をいただいたお客様に、今なら〇〇プランを2割引きで提供」などとお得なプランを提示することで、商品の継続購入を促すわけです。

このような方法は、どんな業種でも応用できる方法です。「始めは処女の如く」でスタートして、徐々に引き上げていく販売シナリオを検討してみてください。

第4章 実践者・孫正義の「孫子の兵法」

01 「孫子の兵法」を現代に蘇らせた「孫の二乗の兵法」
02 理念――《道》《天》《地》《将》《法》
03 ビジョン――《頂》《情》《略》《七》《闘》
04 戦略――《一》《流》《攻》《守》《群》
05 将の心得――《智》《信》《仁》《勇》《厳》
06 戦術――《風》《林》《火》《山》《海》
07 多様な場面で当てはまる25文字

01 「孫子の兵法」を現代に蘇らせた「孫の二乗の兵法」

◆「孫子の兵法」のエッセンスを25文字に集約

「孫子の兵法」を愛読している経営者はたくさんいますが、そのなかでも、自分の経営理論の中心に据えてこれを活用し、かつ圧倒的な成果を出している人といえば、**ソフトバンクグループの孫正義氏**でしょう。

第1章でも少し触れたように、彼は「孫子の兵法」に関連する書籍を数十冊読んで研究史、そのなかから重要な文字をピックアップし、さらに自身オリジナルの文字を加えた25文字で**「孫の二乗の兵法」**を定義しました。

この25文字は、理念、ビジョン、戦略、将の心得、そして戦術の5つのテーマに分類され、それぞれ5文字ずつが当てはめられています。

■孫正義氏の「孫の二乗の法則」

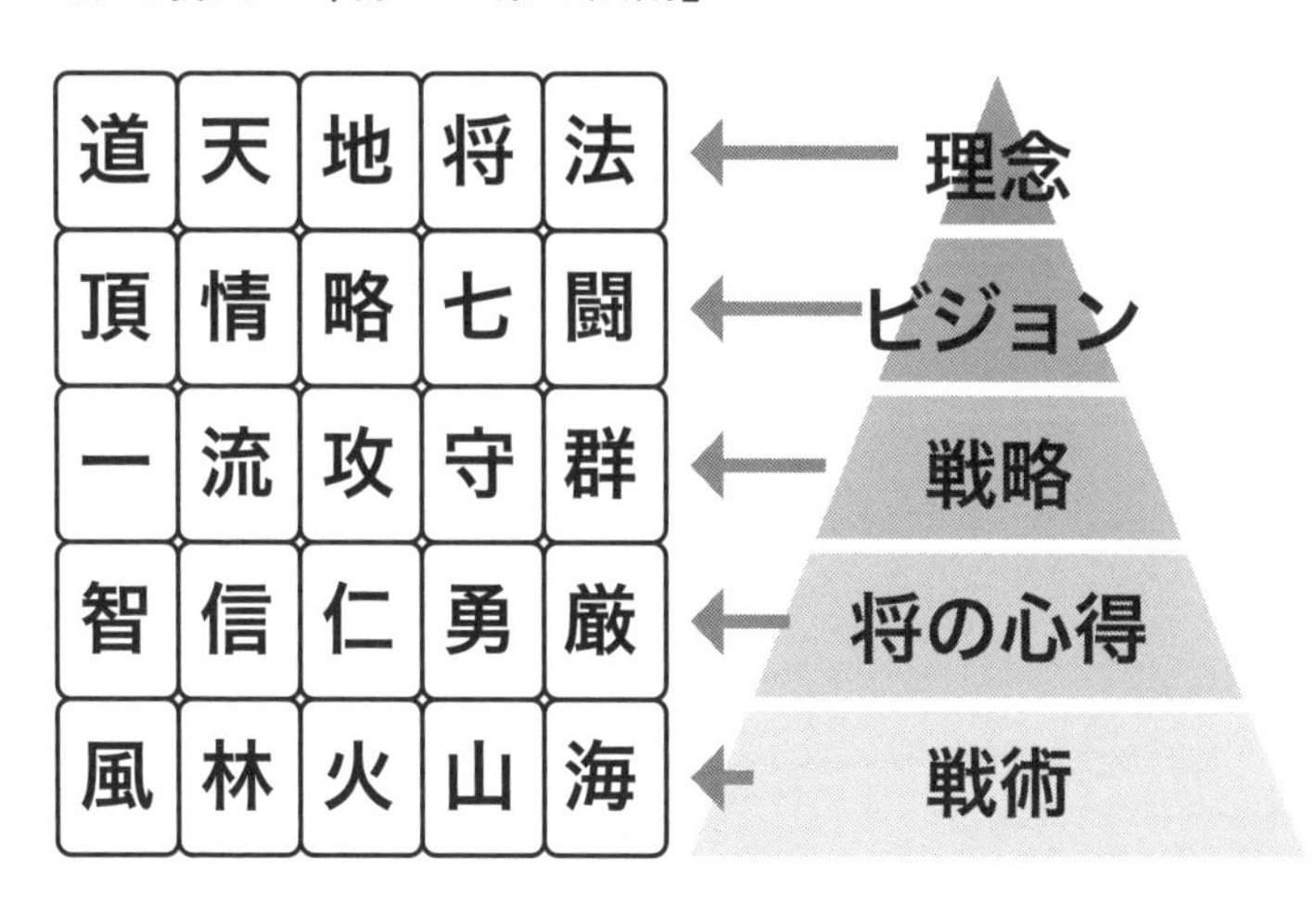

25文字のうち、計14文字が「孫子の兵法」からの引用で、残りの11文字（2段目の頂・情・略・七・闘、3段目の一・流・攻・守・群、五段目の海）が孫正義氏オリジナルの言葉です。

原典の「孫子の兵法」は、古代中国で戦争に勝つための戦略を示した本なので、現代のビジネスにはマッチしない部分も出てきます。**「孫の二乗の兵法」は、そんな「孫子の兵法」を現代ビジネスに生かせるように再構成したものといえます。**

孫正義氏は悩む時があると、この25文字を振り返り、常に確認しながら経営の指針としてきました。

２０１０年に設立した孫正義氏の後継者を育成するための教育機関ソフトバンクアカデミアの開校式の特別講義においても、「孫の二乗の兵法」について解説しています。当時の動画はソフトバンクグループのホームページにアップされているのでご覧になってみてください。

●ソフトバンクアカデミア開校式 特別講義「孫の二乗の兵法」

https://group.softbank/news/webcast/7928954730 01

◆最終利益1兆円超えの背景に「孫子の兵法」

この章では、「孫の二乗の兵法」について概要を紹介していきたいと思いますが、その前に、孫正義氏の経歴について簡単に触れておきましょう。

孫正義氏はカリフォルニア大学バークレー校を１９８０年に卒業、帰国後にコンピュータ卸売り事業の「ユニソン・ワールド」を福岡県博多区で創業しました。

博多の雑居ビルでアルバイト２名と事業をスタートした時のエピソードが有名です。

孫氏はみかん箱に乗り、アルバイト2名の前で、「豆腐屋が1丁、2丁と数えるように、売上を1兆、2兆と数えるような会社にする」と今後のビジョンを熱く語りました。

そのアルバイトは彼のことを頭のおかしい人と思ったのか、1週間で2人とも辞めてしまったといいます。

ソフトバンクはその後大きく成長し、2017年には最終利益が1兆円を超えました。当時の国内企業で最終利益1兆円を超えていたのはNTTとトヨタ自動車のみ。創業から最終利益1兆円の到達まで、NTTは118年、トヨタ自動車は65年かかったのに対して、ソフトバンクは33年という異例のスピード成長でした。

その背景には、「孫子の兵法」と孫正義自身の言葉によって編み出した「孫の二乗の兵法」があったといえます。

◆孫正義と「孫子の兵法」の出会い

孫正義氏は起業してわずか3年後にはソフト卸売業と出版事業で会社を売上高45億円に

まで成長させています。アルバイト2名からスタートした従業員は当時125人にまで増えていました。

事業が軌道に乗り始めたその矢先に、彼は慢性肝炎で長期入院を余儀なくされてしまいます。26、27歳の頃のことです。

入院当初は闘病生活への不安からひとり涙を流していたそうですが、持ち前のポジティブな性格で、ベッドにいるこの時間を有効活用しようと前向きに捉え、本を読み始めました。入院期間中、読破した本は3、4千冊にも上りました。

特に歴史が好きで織田信長や坂本龍馬に熱狂しましたが、なかでも「孫子」にも感銘を受けて関連の著作を30冊以上読みました。

この時に、「孫子の兵法」の言葉と、自分ならこう考えるというオリジナルの企業哲学を融合させ、25文字にまとめたのが「孫の二乗の兵法」です。

その後、孫正義氏は自ら「孫の二乗の兵法」を原点としてマーケットに挑み続け、壮大なソフトバンク王国を創り上げたのです。

26、27歳の頃に、後々まで経営の指針として活用する「孫の二乗の兵法」を編み出したというのですから、その才覚には驚かされます。

特に興味深いのは、**日本を代表する企業に成長させた今日でも、「孫の二乗の兵法」を常に片時も忘れずにいることです。**

これまでに、5つの段の順序を一部替えた以外は、文字そのものは1文字も変えていないそうです。

さまざまな刻々と変化するインターネット社会において、自分の信念の25文字を1文字も変えることなく貫く姿勢は、ビジネスの成功を目指す後継者にも示唆を与え続けることでしょう。

それでは「孫の二乗の兵法」の概要と、孫正義がどのようにして活用してきたのかを、ソフトバンクアカデミア開校式の講演内容とともに解説していきましょう。

02 理念——《道》《天》《地》《将》《法》

◆《道》 志を立てる

「孫子の兵法」第一章・計篇の最初のほうにある、「一に曰く道、二に曰く天、三に曰く地、四に曰く将、五に曰く法なり」から取ったのが、この**《道》《天》《地》《将》《法》**の5文字。

孫正義氏が「孫の二乗の兵法」を考案した当初、2段目にあったこの5文字は、その後、1段目に変更されました。「理念」がすべてにおける最上位概念ということなのでしょう。

その理念のなかでもトップバッターに来るのが《道》です。

孫正義氏のいう《道》とは、**経営における志のこと**であり、**企業が最も大切にすべき経営理念のこと。**

ソフトバンクグループでいえば**「情報革命で人々を幸せにする」**です。

年頭所感や株主総会、2010年に行った「新30年ビジョン発表会」など、創業して以来あらゆるところで孫正義氏はこの言葉を使い続けています。

孫正義氏が言い続けているだけでなく、社員にも浸透しています。社員が行うプレゼンなどでも「情報革命で人々を幸せにしたい」というワードが至るところに出てきます。

あなたの会社やお店にとっての《道》、理念は何でしょうか。

あなたにとっての《道》を改めて考えて、「情報革命で人々を幸せにする」のような、短いキャッチフレーズに表してみてください。

◆《天》 天の時を知る＝タイミング

次の《天》は、**「天の時、タイミング」**のことを意味しています。

人類20万年の歴史のなかで、これまで「農業革命」や「産業革命」といった、大きく世の中が動くタイミングがありました。そして私たちは今、「情報革命」「インターネットによる情報ビッグバン」のさなかに生きています。

これは非常に大きな幸運だと、孫正義氏は語っています。

もし、他の時代の経営者、たとえば松下幸之助氏が現代にいたら、この情報革命を享受できたでしょうか。松下氏が家電にこだわっていたとしたら、情報革命に乗ることはできず、会社を大きく成長させることはできなかったかもしれません。

事業を行う際は、天の時、タイミングをとらえることが大切になるのです。

◆《地》　地の利を知る

《地》とは**地の利のこと。**ビジネスにおいては、どの国・地域・エリアで展開するかが重要です。

孫正義氏はソフトバンクアカデミア開校式の特別講演で、「これまではアメリカ人の会社じゃないとインターネットナンバー1になれなかった。しかしこれからはアジアの人口が増加し、アジアがインターネットの中心になる」と説明しています。つまりアジアに拠点を持つソフトバンクグループは地の利を得た、ということです。

そして、「天の時を得て、地の利を得たならばこれはもうやらなきゃいかんばいと。これで挑戦しなかったらリーダーになる資格ない」と語っています。

人口が爆発するアジアに拠点を持つのは、ソフトバンクグループだけでなく、私たちも同じです。この地の利を生かし、海外展開、海外取引などを検討してみるのもいいのではないでしょうか。

◆《将》　優れた将を得る

《将》とは**優秀なリーダーのこと。**優秀なリーダーがいてこそ、優秀な組織ができます。烏合の衆の集団では最強集団をつくることはできません。

三国志で有名な蜀の劉備玄徳は、諸葛孔明、関羽雲長、張飛益徳、趙雲子龍という有能な将を得たからこそ、赤壁の戦いなどの幾多の戦いで勝利を収めてきました。

ビジネスにおいても、経営者自身が優秀な将であることはもちろん、**各パートで組織を率いてくれる優秀な人材を確保することが重要です。**

「優れた将を最低でも10人つくってください」と孫正義氏は語っています。

◆《法》 勝てる仕組みを構築

《法》は、**システム、方法論、ルール、仕組み、ビジネスモデル、プラットフォームなどのこと**を意味しています。

行き当たりばったり、たまたま運が良いだけで経営が成功することもありますが、そのような状況は決して長くは続きません。

大きな組織を作ったり、永続的に利益を上げるためには、勝ち続ける仕組み作りが必要です。

たとえばソフトバンクには、日次決算、部門別の管理会計といったファイナンス面での仕組みもあれば、ビジネスモデルを新しく編み出していく仕組みなどもあります。

一度仕組みやノウハウをつくれば、事業規模が大きくなったり、事業内容が変わったりしても混乱することなく、その仕組みを当てはめていくことができます。

物事をシステマティックにすることでスケールしやすくなるということです。

仕組みやノウハウの構築が大事という点は、大企業だけではなく中小企業にももちろん当てはまることだと思います。

03 ビジョン――《頂》《情》《略》《七》《闘》

◆《頂》　頂上からの景色を鮮明に思い描く

2段目の《**頂**》《**情**》《**略**》《**七**》《**闘**》は、ビジョンを表しています。この2段目の文字はすべて孫正義氏が独自に考案したものです。

まず《頂》ですが、これは、**頂上から全体を見ること**を意味しています。

山を登っている時、ふもとから下界は見えません。頂上に登ってはじめて下界を見渡すことができます。

全体を見渡すには、まず頂上からの景色を思い描くことが大事なのです。

どの山に登るかで、つまりどんなビジョンを描くかで人生は大きく変わります。

ビジョンを持つということは「何となく思う」ことではありません。

きちんと期限を区切って、「10年後にはこうなる」と未来を鮮明に描くことだと孫正義氏は述べています。

未来を鮮明に思い描き、その景色をしっかりと脳に焼き付けることが、ビジョンを持つということ。

ビジョンを持っていないリーダー、「うちの会社は10年後にはこうなる」と明確に言い切れないリーダーは失格です。具体的なビジョンを強く思い描いてください。

◆《情》 情報を徹底的に収集する

《情》とは**情報収集の徹底のこと。**「孫子の兵法」でも情報収集の重要性は繰り返し語られていますね。

孫正義氏はカリフォルニア大学バークレー校を卒業後、日本に戻り事業家になることは決めていたものの、一体何をしたらいいのか、どんな事業を始めたらいいのかわからずに悩み葛藤しました。

そして考え抜いた末、今まで誰もやっていない40のビジネスモデルを思いつきました。

その ひとつのビジネスモデルにつき、10年分の事業計画を立てて、損益計算書、貸借対照表、資金繰り表、人員計画、マーケットシェア、競合他社の業績まで周到に調査したといいます。その資料の量はそれぞれ高さ1メートルになるほどでした。

こうして1年半の間に計画した40のビジネスモデルの中から、「これしかない」と選択したのが情報産業であるソフトバンクでした。

事業計画、経営計画の重要性はすでに述べましたが、**その作成にあたっての情報収集も徹底的に行うべきなのです。**

◆《略》 各種戦略

《略》はそのまま、**戦略のこと**を指します。思い描いたビジョンを実現するためには、詳細な戦略の立案が必要です。

孫正義氏は戦略を立案する際、**「ありとあらゆるところで収集した数多くの情報から99・9%ノイズを除去し戦略として絞り込む」**のだそうです。つまり、あれもこれもではなく徹底的に絞り込むということです。

米国留学していた19歳の頃、孫正義氏は、食事と睡眠以外の時間をすべて勉強する時間に費やしていました。

　一方で、大学卒業後には起業すると決めていたので、そのための資金を今のうちに貯めておきたいと考えました。とはいえ勉強に時間を使いたいので、他の学生のようにハンバーガーショップでアルバイトをしている暇はありません。

「労働時間1日5分で1カ月100万円以上稼げる方法はないのか?」と頭を悩ませ、思い立ったのが「発明」です。

　そして1日に5分だけ、発明を考える時間を自分に許し、1年間で250件ほど特許に出願できそうなアイデアを生み出したのです。

　そのうちのひとつが「音声付きの多言語翻訳機」でした。試作機を作りシャープ元副社長の佐々木正氏に売り込んだところ、これが成功して、1億7000万円を稼ぐことができました。

◆《七》　勝率7割で何とかなる

《七》とは、**勝率7割を見極めること。**

勝率5割ではリスクが高いし、勝率9割になっている時は、すでに参入する機を逸しています。**7割くらいが参入しているのに最も適したタイミングということです。**

「孫子の兵法」でいうところの「拙速」と通じるものがあります。

孫正義氏は、多種多様な分野に参入して、かなり無茶な勝負をしているようなイメージがありますが、実は7割の勝算があってのこと。本来は慎重派といえるのです。

また、新規事業などで企業をリスクにさらす割合を、企業価値全体の3割を程度に抑えよと説いています。万が一、失敗しても残った7割があるので何とかなるというわけです。

◆《闘》　命がけで闘う

《闘》とは、**命がけで闘うこと。**命がけで挑むからこそ、ビジョンを実現できます。

どんな優れたビジョン、高邁な理想も、思い描くだけでは成すことはできません。

ほかの著名な経営者も同様に、ライバル会社と闘い、勝利して理念を実現し、社員やお客様、家族を幸せにしています。

孫氏にとって「ビジョン」とは、まだ山に登る前に、登った後に見えるであろう壮大な

景観に思いを馳せること。そしてその実現のために、徹底して情報を集め、取捨選択し、命がけで挑む「行動」の中にこそ事業の成功があるのです。

04 戦略――《一》《流》《攻》《守》《群》

◆《一》 ナンバー1への強いこだわり

３段目は各論の戦略ともいえる**《一》《流》《攻》《守》《群》**の５文字です。

まず《一》ですが、これはそのまま、**1位を狙うということ。**

「孫子の兵法」第四章「形篇」にも、「故に善く戦う者は不敗の地に立ち、しかして敵の敗を失わざるなり。この故に勝兵はまず勝ちて而るのちに戦いを求め」（それゆえ戦の巧者は負けない態勢をとり、敵の弱点を逃さない。そのようなわけで勝利する軍はまず勝利の確信を得て戦をする）との一節がありますが、この言葉は、孫正義氏が共感し重要だと感じる部分でもあります。

勝てる勝負しかしない、戦略や道筋が見えて圧倒的ナンバー1になれる分野にしか手をつけないということです。

ソフトバンクアカデミア開校式特別講義では、このナンバー1戦略を特に熱を込めて語りかけています。

たとえば2006年、英ボーダフォンの日本法人を約1兆7500億円で買収した時、当時のボーダフォンは携帯電話事業が不調で、負け戦が続き社員や幹部の中には「どうせナンバー3だし」という諦めムードが漂っていました。

今後の方針について社員に聞いても、誰も自分から手を上げて説明しようとする者はいませんでした。

そんな消極的な態度に孫正義氏は憤りを覚え、社員の意識改革に取り組みます。

「累積のナンバー1は時間がかかる。1カ月でもいいから純増ナンバー1を取るぞ。負け癖を勝ち癖に変えるぞ」と号令をかけ、その半年後に見事純増ナンバー1を取ることに成功しました。

この出来事を契機に、社内に勝ち癖がついて、その後50カ月のうち47カ月で純増ナンバー1を取ることに成功したのです。

また、孫正義氏はソフトバンクの社員や後継者になる者が2番に甘んじることを徹底的に戒めています。

「2番で良かった、よく頑張ったとは絶対に口にしてはいけない」「絶対1番になるという社風を作らないと300年生き残れない」と語っています。

それくらい、ナンバー1に対する強い思を持つことが大切なのです。

あなたの会社も、どんな分野でも、どんな商品・サービスでもいいので、ナンバー1を達成してみてください。一度達成することで成功体験が生まれ、勝ち癖がつき、次のナンバー1への道筋ができていくはずです。

◆《流》 時代の流れに逆らわず素早く仕掛ける

《流》は**時代の流れのこと。**

川で泳ぐ時、流れに逆らって泳ぐのと、流れに沿って泳ぐのでは、スピードがまったく違います。事業もこれと一緒で、**時代の流れをとらえて、逆らわないことが重要です。**

孫正義氏がソフトバンクを創業したのも、インターネットによる情報革命の勃興が背景にあったからです。

反対に、斜陽産業に自ら飛び込んでいくことは、時代の流れに逆らうことであり、絶対に避けなければならないことです。

もちろん事業承継などで、仕方なくやらなければならない場合もあるでしょう。その場合は、業態を変えたり、まったく新しい事業を立ち上げることに挑戦すべきです。

ただし、時代に合ったビジネスを選べば、それだけで正しいとは言えません。時代に合ったビジネスでも、何を選ぶかによって成否は大きくわかれます。

孫正義氏の言う選ぶべき分野は、ニッチではなく、メインストリームです。

選んだ事業が一時的にニッチな分野であったとしても、5年後や10年後にはメインストリームとして成長する可能性がある、そんな分野を選ぶべきと語っています。

将来大きく成長することが予見され、それでいて時流に合ったビジネスを模索してみてください。

◆《攻》 営業力や技術力など

《攻》は、営業・技術・M&A・新規事業など、**どの分野でも誰にも負けない「攻撃力」**を意味しています。

交渉するにしても説得力がないと相手を納得させることができません。

孫正義氏がアップルのスティーブ・ジョブズ氏とiPhoneの独占販売権の交渉をした時の話が印象的です。

当時ソフトバンクは、日本で携帯会社にもなっていない時から直接スティーブ・ジョブズ氏に会いに行き、独占権の交渉を始め、その2週間後にボーダフォンジャパンを買収しました。

買収しても当時は3番手の携帯会社に過ぎませんでしたが、契約交渉の最後の大詰めでは、「携帯電話純増台数でナンバー1だ」「ソフトバンクはアジアナンバー1のインターネット企業である」と強調。見事に独占販売権を得たのです。

孫正義氏は交渉の秘訣を「鯉とりまーしゃん」と明かしたことがあります。

「鯉とりまーしゃん」とは、本名・上村政雄さんという漁師。筑後川に潜り、独特の漁法で、他の漁師の何倍も鯉を捕ることで有名です。芥川賞作家・火野葦平の小説『百年の鯉』のモデルでもあります。

彼は焚き火で汗が噴き出るくらいに身体を温めてから、冬の冷たい筑後川の鯉の巣まで潜り、川底で横たわります。すると、鯉がぬくもりを求めて寄ってきます。寄ってきた鯉を優しく抱きかかえて捕まえるという手法です。

これが交渉の秘訣と同じなのだそうです。**つまり、交渉相手が自然にすり寄ってくるような状態を作り出すことなのです。**

◆《守》 守備力、リスクへの備え

《守》とは、**キャッシュフロー経営、コスト削減、コンプライアンスなど、経営の守備力のこと**を指しています。

多くの創業者は、営業力や交渉力に長けた人が多いのですが、一方で守備力は弱い場合があります。

キャッシュフロー経営ができていないと、資金繰りに失敗し、会社が潰れる原因になります。

攻めると同時に守り固めるために、キャッシュフロー経営の基礎を身につける必要があります。

数字面だけでなく、コンプライアンスも「守り」の重要な要素です。

たとえばずさんな情報管理によって、個人情報の漏えいなどを起こしてしまえば、多額の損害賠償を請求される可能性があるだけでなく、社会的信用を失います。

慎重に慎重を重ねて、守るべきところはきちんと守ることが重要です。

◆《群》 志のある会社と群を形成

《群》は、会社の集合を示しています。

1社でできることには限界があります。しかし、同じ志を持ったものがたくさん集まれば、大きなことができます。

孫正義氏は、「30年以内に5000社の同志的結合軍団をつくる」と語っています。

ひとつの企業ではなく、企業集団になることはリスクの分散にもなります。

たとえばマイクロソフトやインテルのようなシングルブランド、シングルビジネスモデルは、30年は成功できたとしても、50年後、100年後にはどうなるかわかりません。

しかしマルチブランド、マルチビジネスモデルであれば、企業軍団のなかから、大きく成長するビジネスが出てきます。これにより、100年、300年と成長し続けることが可能になるわけです。

05 将の心得――《智》《信》《仁》《勇》《厳》

◆《智》 あらゆる知的能力

4段目の**《智》《信》《仁》《勇》《厳》**はリーダーとしての心構えを表す5文字。すべて「孫子の兵法」第一章「計篇」から抽出された文字です。

まず《智》は、**思考力、グローバル交渉力、プレゼン能力、テクノロジー、ファイナンス、分析力など、知的能力のこと**を指しています。

営業は得意だがファイナンスは苦手、技術には誰も負けない自信はあるが交渉力は苦手……というのでは、ソフトバンクのように大きな企業のリーダーは務まりません。それぞれ専門分野でトップの人間と深い話をし、高い次元のレベルで議論できるくらいの能力が求められるということです。

自分と同等の人間もしくは自分以上に能力のある専門家を使いこなすのが、リーダーと

しての素養です。なかなか難しいことかもしれませんが、経営者たるもの、高いレベルを目指して常に勉強が欠かせないということなのでしょう。

◆《信》 信義・信念・信用

《信》とは**「信義・信念・信用」**。

信用されないリーダーには、誰もついてきてくれません。

金や技術を持っているだけでも人は集まってきますが、それだけでは尊敬されません。

信義・信念・信用があってこそ、はじめて尊敬され、人が集まってきます。

高い志と実力、信義を持つことがリーダーとして欠かせない要素といえます。

◆《仁》 仁愛の精神

《仁》とは**仁愛の精神。**

企業が競合他社とし烈な争いを繰り広げていたとしても、その目的は相手を倒すことではありません。あくまでも理念やビジョンという目的があり、その達成のためにビジネスを行っているだけに過ぎないからです。

たとえばソフトバンクなら「情報革命で人々を幸せにする」という理念を掲げ、人間に対する深い仁愛の精神を持っています。

これと同じように、**社員やパートナーなど、会社を取り巻くあらゆるステークホルダーに、仁愛を持って接すること**が、リーダーには欠かせない条件です。

◆《勇》 戦う勇気と撤退する勇気

《勇》は**勇気のこと**。特に、大きな敵と戦う勇気、撤退の勇気のことを意味しています。

「退却する時は攻める時の10倍勇気がいり、10倍難しい」と孫正義氏は言います。

攻める時は気がはやり、容易に決断できても、撤退はなかなか決断できない経営者が多いといえます。

そして、うまくいっていないのに撤退できず、ずるずると続けてしまう。それがさらに進めば、手遅れになるほど状況が悪化することもあります。

孫正義氏は、限度を超える前に勇気ある撤退をすることが大切と説きます。

退却する時の決断はトップしかできません。そして失敗の責任を1人でかぶるという覚悟がなければ、決断できません。

しかしそういう時に、思い切って決断し、「自分が悪かった」と認められる度量があればこそ、部下はついてくるのです。

◆《厳》　誠の愛のため、時として鬼になれ

《厳》は、**厳しさのこと。**

リーダーたるもの、相手に対する深い愛情があるならば、時として鬼となる必要があるということです。鬼になりきれない者にはリーダーになる資格がありません。

常に鬼でいろというわけではありません。普段は周囲の人間に優しく接するのもいいでしょう。しかし、いい人が過ぎれば組織が緩んでくることもあります。

社員や会社に対して本当に深い愛情があるのならば、時に鬼になる必要も出てきます。

第1章で紹介した、孫武が女官の首を斬ったエピソードに通ずる部分がありますね。

06 戦術――《風》《林》《火》《山》《海》

◆《風》 決断と行動のスピード

最後の段は**《風》《林》《火》《山》《海》**。前半4文字は「孫子の兵法」からの抜粋で、最後の《海》だけは孫正義氏のオリジナルです。

《風》は、「疾(はや)きこと風の如く」、つまり**スピードです。**

技術進化の早いIT業界で戦っているソフトバンクにとって、スピードは何よりも重要。たとえば、契約ごとにおいても疾風のようなスピード感が求められます。

1990年当時、マイクロソフトと肩を並べる米国のソフトウェア企業にノベルがありました。

ノベルの持っているサーバー向けOSが業界の主流になりつつあり、日本でのライセンス契約が兼松に決まりかけているという話を聞いた孫正義氏は、明日からのアポをすべてキャンセルして飛行機の手配をして現地に向かいました。

ノベルとアポもとらず、初対面での訪問にも関わらず、ノベル経営陣にソフトバンクのビジョンを熱く語り、兼松との覚え書きを破棄して独占契約を結ぶことに成功。その後ノベルと合弁で日本法人を設立しました。

ライバルに決まりかけていたライセンス契約を奪うことができたのは、素早い決断力があったからこそ。**そして、決断したらすぐさま行動に移すことが重要なのです。**

◆《林》 交渉は水面下で

《林》は、「徐(しず)かなること林の如く」、つまり**林のようにひっそりと静まるということ。**

いざとなったらスピーディーに大胆に動きますが、動き始める前は、誰にも知られないように準備だけを進めて、虎視眈々とタイミングを計るということです。

2008年のiPhoneの独占販売契約や、2010年のヤフー・ジャパンとグーグルの提携など、最重要な交渉ごとは社員のなかでもごく一部の人しか知らせずに、水面下で静かに交渉を進めていました。

もし社員にも知られてしまえば、取引先やライバル会社などにも情報が広がってしまい、交渉が決裂したり、他社に奪われてしまう可能性もあるからです。

M＆Aや事業提携などの交渉ごとは、《林》のように静かに、慎重に物事を進める必要があるということです。

◆《火》 燃え盛る炎のように攻める

《火》は、「侵略(しんりゃく)すること火の如く」、つまり**勢いです。**

大規模な森林火災はひとたび起これば凄まじい勢いで、消えることなく何ヵ月も続くことがあります。そのような勢いが時には大事ということ。

孫正義氏は、**「何が何でも革命的にやらないといけない時がある」**といい、この事業をやりたいと思った時には徹底的に調べ抜き、７割の勝算を確信すれば人・物・金を結集して怒涛の如く攻めていきます。

ボクシングでいえば全盛期のマイクタイソンのように、ゴング開始と同時に攻めていき、チャンスと見るや一気に畳み掛けノックアウトの山を築いていく、そんなスタイルです。

◆《山》　山のように微動だにしない

《山》は「動かざること山の如し」、つまり**微動だにしないということ。**

ソフトバンクの事業はブロードバンド、携帯電話、球団経営など多岐にわたっていますが、その根底にあるのは情報産業です。この事業領域について、そして「情報革命で人々を幸せに」という経営理念は、創業してから一貫して変わっていません。

また、「孫の二乗の兵法」を経営指針にするということも、20代半で作成して依頼、現在まで変わっていない。**変えてはいけないもの、守るべきものは、微動だにせず徹底的に維持する**というのも、孫正義氏のスタイルです。

◆《海》　愛を持って海のように受け入れる

孫正義氏のオリジナルの一文字がこの《海》です。

彼のいう《海》とは、**すべてを受け入れる平和の象徴であり、戦った相手を包み込むことを意味しています。**

海の如くすべてを飲み込んで平和な状態になった時に、初めて戦いは完結するという考えです。

たとえば、自社に負けたライバル会社の社員を雇う、3社の合弁会社を自社の判断で撤退することになったら、負債分をすべて保障するなど、他社に勝利するだけでなく、すべてが丸く収まるような戦い方を彼は好んでいます。

特別講義で孫正義氏は、このように語っています。

「風林火山で戦いをして、火の山になって、無茶苦茶になって死人だらけと、そのままで戦いは終わらない。**戦いが終わって、広い深い静かな海のように全部飲み込んで、平らげて、そして初めて戦いが終わる**」

彼の言う《海》の境地に至ってこそ、真のリーダーといえるのでしょう。

07 多様な場面で当てはまる25文字

◆事業からの撤退も5文字を基準に判断

『孫正義　危機克服の極意』（ソフトバンクアカデミア特別講義 著・編集／光文社）によると、「孫の二乗の兵法」25文字の要因は、ひとつのケースについていくつも該当するものであるそうです。

たとえば、事業の撤退においては、25文字の中で「流」「守」「信」「仁」「勇」が該当します。

1999年、ソフトバンクと米マイクロソフト社、東京電力の3社の合弁により設立されたスピードネットという会社がありました。

東京電力が所有する光ファイバー網を利用し、当時ダイヤルアップ回線しかなかったインターネット回線の市場において、無線アクセスによる高速インターネットサービスを低価格・定額制で提供する予定でした。

しかし、電波の干渉など技術的なトラブルが相次ぎ、サービス開始に遅れが出て、その間にNTTがADSLサービスを開始するなど、高速回線が徐々に普及しはじめたことで、スピードネットはその存在意義を失いました。

このままサービスを継続しても市場の「流」れに逆らうことになります。また、財務面での「守」りを固めるには、黒字化が難しい同サービスは撤退するべき。そう判断した孫正義氏は見切りを付けました。

しかし、ジョイントベンチャーであるマイクロソフトと東京電力に対しては、「信」義を重んじて対応しなければなりません。

孫正義氏は撤退するにあたり、両社に「私が経営者としてまだまだ未熟でした」と潔く謝罪をしたそうです。

そして孫正義氏は、「こちらが誘ったジョイントベンチャーだから」と相手の資本金を100%買い取って数十億の損失を被る提案をしました。

マイクロソフトはこれに同意しましたが、東京電力は受け入れずに、1社で事業を存続する決断をしました。結果的にその後、巨大な赤字のまま撤退を余儀なくされました。

ユーザーはもちろん、ビジネスパートナーのマイクロソフト、東京電力に対しても「仁」愛の心をもって接したということです。

自分から誘っておいて先に撤退を言い出すことは、顔から火が出るほど恥ずかしく「勇」気がいる行為でした。**それでも、なるべく早く伝えることが相手に対しての誠意でした。**

孫正義氏はこの「孫の二乗の兵法」の25文字を、丸暗記すればいいのではないと警告しています。

これらの文字は、身をもって試練を乗り越えることで体得できる秘訣・ノウハウであり、経験や体験を通さなければ自分の身にならないと教えています。

交渉の時など、瞬間的に意思決定しなければならない場面がビジネスでは多々ありますが、意思決定の基準として普段からこの25文字を思い浮かべる癖をつけるのがよいそうです。

会社の経営者や事業家だけでなく、大学の学長にも大統領にも、どんなリーダーにも当てはまる「戦いに勝つための25文字」である、と講演を締め括っています。

第5章 「孫子の兵法」飛躍した中小企業

01 「孫子の兵法」を経営にどう生かすか？
02 勢いのある店にお客は吸い寄せられる（中華料理店）
03 勝ち易きに勝つ（経理代行会社）
04 自社もライバルも知れば危うからず（エステティックサロン）
05 差別化を以て勝つ（歯科医院）

01 「孫子の兵法」を経営にどう生かすか？

◆いくつかのフレーズを覚えるだけでも役立つ

この章では、小規模企業の経営者や個人事業主といったクライアントと接するなかで、私がどのようにして「孫子の兵法」をもとにコンサルティングを提供しているのか、事例を紹介していきます。

「孫子の兵法」の使い方として私が推奨するのは、ひとつかふたつでもいいので、孫子の言葉を覚えて日々の経営の中で実践することです。

私自身は「孫子の兵法」を全文読み、長年研究してきましたが、この約6千文字のなかで、実際にコンサルティングで使っているのは7フレーズくらいしかありません。

たとえば、ドラッグストア店舗数であのマツモトキヨシを抜いてトップの座に立った**「ウエルシア」**。ウエルシアホールディングスの社訓は、「孫子の兵法」からとった、「以差別化不戦而勝」（差別化をもって戦わずして勝つ）。

このひと言をベースにウエルシアは、24時間営業、調剤併設、地域のコミュニティスペースとしての「ウェルカフェ」の設置など、いくつもの戦略を編み出しています。

たったひとつのフレーズでも十分使えるということです。

なお、私が主に使っているのは以下の7つです。

❶「兵とは国の大事なり」
（戦争は国にとって重要なこと）

❷「算多きは勝ち、算少なきは勝たず」
（勝算のある者は勝利し、勝算の少ない者は勝てない）

❸「戦わずして人の兵を屈する」
（戦うことなく敵兵を屈服させる）

❹「彼を知り己を知れば、百戦して殆うからず」
（敵のこと良くを知り自軍のことをよく知れば、百戦しても危険なことはない）

❺「戦いは、正を以て合い、奇を以て勝つ」
（戦は、正攻法で闘い、奇襲法で勝つ）

❻「道とは、民をして上と意を同じゅうせ令むる者なり」
（道とは、民衆と上に立つ者の気持ちを合致させることだ）

❼卒を見ること嬰児のごとし
（兵士を赤ん坊のように大事に扱う）

この7つだけでも経営におけるヒントになり、勝利の道しるべとなります。
では次のページからは事例の紹介に入っていきましょう。

02 勢いのある店にお客は吸い寄せられる(中華料理店)

◆かつての繁盛店が閑古鳥

中華料理店のオーナーで店長のAさんは、20数年にわたり営んできたその店の経営不振に悩んできました。

以前までは、ランチタイムとディナータイムは常に満席になるほど繁盛していましたが、いつの頃からか来客数が徐々に減り、すっかり閑古鳥が鳴く状況に陥っていたのです。

そこでAさんは、状況を打開するために私に相談してきました。

店の立地は、商店街のメイン通りから横に入ったところ。メイン通りに面しているわけではありませんが、商店街には人通りも多いですし、集客にはそれほど困らないように思えます。外観はいたって普通の中華料理店です。

中に入ってみると、テーブル席5つだけの小さい規模。数年前に改装しているので、古くささは感じません。

床が多少ベタベタした感じはありますが、清掃もきちんとしていますし、全体的に不快な印象はありません。

見た目の部分では、大きな問題がある店には思えませんでした。

そこで料理を食べて気づきました。あまり美味しくない……。

飲食店で料理が今ひとつというのは、大きな問題です。

しかし、一般的に料理人はプライドが高く、自分の味に自信を持っています。何十年もキャリアのある料理人ならなおさら、下手に味のことを指摘してしまえば、逆鱗に触れてしまう可能性もあります。

「言い出しづらいな……」と思っていました。

◆「勢」を生み出す店舗作り

私はこの店を見て、**「算多きは勝ち、算少なきは勝たず」**だと思いました。つまり、勝算、勝つための戦略がまったくない状態なのです。

私は勝つための戦略として、次のふたつを提案しました。

ひとつ目は、店の外観を目立たせること。

横浜中華街などに行くと、繁盛している店は、看板で目立っています。店名を大きく記した看板、メニューを書いた立て看板、店の壁に飾るバナーなど、いくつものアイテムで外観を彩っています。

それに対してこの店は、控えめな看板があるだけで地味。メニュー看板も小さなホワイトボードだけ。これではメイン通りから見えにくく、目に留まりにくいといえます。

そこで、目立つ看板を設置して、メイン通りの通行人の目にも留まりやすくすることにしました。

もう一点は、テイクアウトの強化です。

この店ではイートインのほかにテイクアウトも提供していました。ただ、そのメニューはラーメンとチャーハンなど、手間と時間がかかるものが中心。

そこで私は、肉まんと餃子など、すぐに提供できるメニューへと変更するようお願いしました。これに合わせて、テイクアウト用の看板も目立つものを設置しました。

これだけではちょっと施策として弱かったのですが、たまたま幸運なことも起こりました。料理人を募集していたところ、中華の名店で修業を積んだ料理人を採用することができたのです。

採用した料理人の腕はよく、たちまち料理の味が向上しました。

私は、これもアピール材料に使えると思い、料理人の写真を「料理の鉄人」風に格好良く撮影し、詳細なプロフィールも記載した看板を作り、店頭に設置してアピールしたのです。

こうした施策が功を奏し、テイクアウトを中心に客足が回復。テイクアウトが人気になると、その並んでいる様子を見て店に近づき、店内で食べていく人も増えてきました。

テイクアウトは調理済みのものを提供するだけなので効率がよく、店内での作業にも響きません。テイクアウト、イートインともにスピーディーな提供ができるようになり、お客様の満足度が上がりました。

店に「勢」が生まれ、行列ができるほどの繁盛店に戻ることができたわけです。

今後の課題としては、従業員の挨拶など接客面の改善です。これを改善することで、まだまだ伸び代があると見込んでいます。

今回は、外観のアピールとテイクアウトメニューの変更に加え、偶然にも良い料理人を採用できたからこそ大きな成果を上げることができました。

もし、あの料理人が採用できていなかったら、どうしていたでしょうか。やはり意を決して、オーナーに料理人の変更やメニューのブラッシュアップをお願いするしかなかったでしょう。もちろんその場合は、オーナーのプライドを傷つけないよう慎重に依頼しないといけません。

この店のように、自社の商品やビジネスモデルが今ひとつパッとしないという時は、**「算多きは勝ち」になっているかどうか確認することが**大事なのです。

03 勝ち易きに勝つ（経理代行会社）

◆水流至らば渉るを止め

次のケースは経理代行会社です。経営者のBさんは、会計ソフトの会社でお客様サポートの業務に従事した後、会計・経理の知識を生かしてこの会社を設立しました。

個人事業主や小規模法人に対して、記帳入力や給料計算、年末調整、会計ソフトの導入、確定申告サポートなどのサービスを提供しています。

といっても従業員は自分1人で、ほかに1名、フリーランスの在宅ワーカーに作業をお願いしていました。

この会社は設立間もなくまだお客様が少ないために、新規顧客を獲得することが大きな課題でした。

Bさんは会社のホームページを作り、集客を図りました。

しかし、これがなかなか問い合わせにつながりません。リスティング広告を出したり、専門業者にSEO（検索エンジン最適化）対策を依頼したりしてみましたが、費用のわりに効果はほとんどありませんでした。

そこで私に相談してきたというわけです。

私はこの会社の状況を見て、**「水流至らば渉るを止め」（川がかなり増水しているならば、水位が落ち着くまで渡るのを待つ）**が大事だと思いました。

つまり、現状はあれこれと施策を打つだけで広告費用をムダにしている状況で、これをひとまず止める必要があると考えました。

そして、経理代行会社というのは競合がたくさんいて、サービス内容も似たり寄ったりです。この会社にしても、他の会社との差別化はできていませんでした。

他社と差別化ができなければ、先行する他社に負けてしまいます。

「我は専まりて一と為り、敵は分かれて十とならば、是れ十を以て其の一を攻むるなり」（我々は集って一つとなり、敵は分散して十となっていれば、我々の十で敵の一を攻撃する）。

何か専門分野をひとつに絞って、そこに集中する必要があると考えました。

◆特定の分野に絞って差別化を図る

何に絞ることにしたかというと、**「クラウド会計ソフト」**です。

経理代行サービスを提供している同業他社に、税理士事務所がありますが、税理士事務所は税の知識はあっても、ソフトの使い方については精通していないことも多いのです。

そして、会計ソフトのなかでも、インターネット経由で使うクラウド型のサービスは、成長が期待できる分野です。

ここに特化した広告宣伝を行うことで、集客につながると考えました。

具体的にやったことは、ブログとユーチューブです。

クラウド会計ソフトの使い方をひとつひとつ解説する記事や動画を作成して、ブログやユーチューブに投稿していったのです。記事や動画は質より量を重視し、「勢は弩をひくが如く」大量に投稿しました。

また、クラウドサービスはたびたびバージョンアップを行い、機能を追加したり変更したりしますが、そのたびにユーザーは迷うことがあります。これについても、新機能が出るたびに解説記事・動画をアップしていきました。

ブログやユーチューブの投稿はグーグルと相性がいいので、グーグルの検索結果の上位に同社の記事や動画が掲載されるようになりました。

一方で、LINEのビジネス向けサービス**「LINE公式アカウント」**の運用に力を入れました。

LINE公式アカウントは、ユーザーと企業・店舗との接点を創出するサービスで、登録してくれたユーザー向けにメッセージを一斉配信したり、あるいは1対1で問い合わせに対応したり、クーポンを配布したりといった機能があります。

この会社では、ホームページにURLやQRコードを配置し、閲覧してくれた人に、「お問い合わせはこちらから」と、LINE公式アカウントの登録を促しました。

そして、LINE公式アカウントに登録してくれた人に対しては、定期的に一斉メッセージで有益な情報を送信しました。また、問い合わせがあればLINE上からメッセージを送ってもらい、それに対して個別に答えたりしていました。

このようにしてブログ・ユーチューブからLINE公式アカウントへという導線をつくったことで、LINE公式アカウントからの問い合わせが増えてきました。

経理代行業務では、ある程度決まったサービスメニューはあるものの、実際の経理業務は会社によってまちまちなので、詳細な見積もりを作らなければ実際の金額はわかりません。

ＬＩＮＥ公式アカウントを運用するようになってからは、登録者から見積もりの依頼が頻繁にくるようになりました。

見積もり提出後、反応がないこともあるのですが、ＬＩＮＥで「わからないことがあれば、何でも聞いてください」と連絡することで、登録者との間でコミュニケーションが深まり、契約に至るケースも増えてきたのです。

経理代行会社として提供しているサービス内容は従来とそう違いはありません。しかし、アピールする分野を「クラウド会計ソフト」に絞ることで、インターネット上で目立つことができました。

そして、ＬＩＮＥ公式アカウントを使ったコミュニケーションを行うことで、顧客対応が充実し、クロージングまで結びつけることができました。

この会社では、従来もインターネット戦略には力を入れていましたが、費用のわりに効果は薄いものでしたが、やり方と使うツールを変えたことで、少ない費用でより大きな成果を出せるようになったわけです。

04 自社もライバルも知れば危うからず(エステティックサロン)

◆どこにでもある店舗でライバル店と競争に

開業するのに特別な資格・免許はいらないのがエステティックサロンです。出店する場所も、賃貸マンションの一室などの小さなスペースがあれば十分。必要な設備もそれほど高額ではありません。

そんなハードルの低さから、エステサロンに参入する人が後を絶ちません。気軽に参入できるということは、それだけライバルが多くなり、競争が激しいことを意味します。

Cさんもそんなふうに、気軽に店を出してしまった1人でした。もともとは会社員で、好きなエステに通っているうちに、自分もやってみようと思い立ち、会社員を辞めて開業したのです。

都内といっても青山や六本木のようなブランド力のある立地ではなく、家賃を抑えるために少し郊外の立地を選び、マンションの一室を借りました。

従業員は自分と、有名エステ店で働いていた知人の2人。知人の方はキャリアも長いので施術には自信がありましたが、大手とは違い知名度はまったくないお店です。また、近隣には個人店舗・大手店舗も含めていくつかのライバル店舗があったため、差別化を図るため価格はやや低めに設定しました。

こうしてオープンしたわけですが、最初のうちは友人・知人くらいしかお客様を獲得できず、苦戦しました。

そこで駅前でチラシ配りを行い、周辺エリアにポスティングも実施。また、「ホットペッパービューティー」などで初回お試しクーポンを提供するなどの販促施策を展開しました。その結果、ある程度集客はできましたが、クーポンに釣られてくる人ばかりで、リピーターにはつながりませんでした。

そのような状況で売上が少なく、赤字続きで、オープン以来、自転車操業といえる状態でした。撤退を余儀なくされるところまで追い詰められたところで、Cさんは私のところに相談にいらしたのです。

◆彼を知り、己を知る店づくり

話を聞いて私は、この方に必要なのは**「彼を知り己を知れば、百戦して殆うからず」**だと思いました。つまり、ライバル店のことも自分の店のことも、よく把握していなかったのです。

そこで、まず自店舗を知ってもらうことから始めました。

自店舗にどういう特徴があり、どんなことを強みとして打ち出していけるのか、洗い出してもらいました。

その結果、この店は美肌から脱毛、痩身までオールマイティーにサービスを提供し、他のエステサロンと比べても代わり映えしないという問題が明らかになりました。

特徴が見当たらないために、サロン激戦区の当地では、お客様があえてこの店を選ぶ必要性を感じないのです。

ライバル店と差を付けるために、何かひとつ、特徴や強みを作り、打ち出す必要がありました。

次に近隣にあるライバル店を徹底的に調査しました。ホームページの作り、どのような広告を使っているか、お店の内装など……。

調査においては**「爵禄・百金を愛んで敵の情を知らざる者は、不仁の至りなり」（地位や報酬を与えることを惜しんで、敵の情報を知ろうとしない者は、不仁の最たるものである）**の言葉通り、経費をかけてライバル店舗を入念に探りました。オーナーの知り合いを客として訪問させて、実際のサービスを受けさせることもしました。

他店の調査をしてわかったことは、どの店も同じような低価格帯で勝負しているということでした。

低価格帯の店は20、30代の一般的な所得の女性がターゲットになりますが、高所得者はそのようなサービスでは満足できません。そこが狙い目でした。

Cさんの店では、周辺エリアにはない高級路線の店舗づくりを打ち出すことにしたのです。

そこで、家具や内装をリニューアルし、隠れ家的なラグジュアリー感ある雰囲気をつくりました。

サービスも高価格帯を意識して、充実させました。

たとえば、これまで手短に済ませていたカウンセリングに思い切って時間をかけて、お客様が本当に困っていること、美容面や健康面はもちろん、仕事や私生活の悩みも含めて、何でも聞き出すようにしました。

また施術後は、高級感ある食器でお茶やコーヒーをお出しして、リラックスしていただく時間を設けました。

お客様とのコミュニケーションを充実させ、親近感を抱いていただくことで、施術の満足度向上を図ったのです。

また、他店舗のホームページも丹念に閲覧・研究。他店舗のホームページは、スマホ用に最適化されていないことや、従業員の紹介がほとんど載っていないところに目を付けました。

そこで、**ホームページをリニューアルし、スマホでも見やすいような仕様にしました。**また、エステティシャンの顔写真とプロフィールを、仕事に対する思いなどがわかるコメントとともに掲載。閲覧した人に安心感・親近感を抱いてもらうことを狙いました。

メニューの内容や、使用するエステマシン、リニューアルした内装についても、ライバル店のどこよりも詳細に記載しました。

さらに広告も、費用対効果を見極めて効果的に活用しました。たとえば反応が悪いチラシのポスティングはやめ、反応の良いインターネット広告には積極的に出稿し、むやみに費用を使わないように管理を徹底しました。

新規顧客獲得の武器だったお試しクーポンはやめました。お試しクーポンで集まってくるのは、クーポンを使って安い料金で施術を受けようというお客様ばかりで、リピートしてくれることも少なく、ターゲットである高所得者とはマッチしなかったからです。

こうした数々の施策が功を奏して、高額メニューが売れるようになり、リピーターが増加。さらに、口コミで紹介が増え、新規顧客も徐々に増えていきました。

ホームページ制作費用や広告費、調査費、内装費と、リニューアルにかけた費用を回収するまでに9カ月ほどかかりましたが、赤字経営からようやく脱却し、黒字に転換することに成功しました。

05 差別化を以て勝つ（歯科医院）

◆競争激化も打つ手がなく茹でガエル状態に

歯科医院も飲食店や美容室などと並んで数が多く、競争が激しい業種のひとつです。その数はコンビニよりも多いと言われています。

そして開業にあたっては、飲食店や美容室とは比べものにならないほど多額の初期投資が必要になります。したがって、参入も撤退も難しい業種といえます。

また、飲食店などとは違い、奇抜な診療メニューを開発するようなことはしづらく、差別化が難しい業種でもあります。

Dさんの経営する歯科医院も、周辺の歯科医院との競争激化により患者数が減少し、売上が低迷して赤字になっている状況でした。それも大幅な赤字ではなく、少しの赤字がずっと続いているため、思い切って撤退する決断もできず、ジワジワと苦しい状況に陥っていました。

何とか打開を図ろうと、Ｄさんは私に相談してきたのです。

◆口コミを広げ、勝てる状態をつくる

その歯科医院はビルの7階にありました。1階の店舗なら、看板や入り口の装飾などで道行く人の目に留まるようにできますが、ビルの7階ではできることは限られています。内装についても、すでに清潔感のある空間になっているので、特に変更すべきところは見当たりません。

また、大々的な広告を打ったとしても、大きな効果を期待できるわけではありません。歯科医院の広告なんていろいろなところで目にしますし、それを目にしたからといって、「この歯科医院に行こう」と思う人は少ないからです。

歯科医院にとって最も重要な集客手段は、口コミです。インターネットの口コミ、あるいは知り合いからの口コミで、「あの歯医者さんいいよ」と言ってもらえるかどうかが、新規患者の獲得を大きく左右します。

「孫子の兵法」でいえば、**「勝つべからざるを為して、以て敵の勝つべきを待つ」（敵がこちらを攻撃しても勝つことができない態勢を整えて、敵に勝てる態勢になるのを待つ）**です。

一人ひとりの患者様に満足してもらい、良い口コミを広めて、地域の住民からの信頼を獲得できれば、ライバル店に負けない盤石な体制を整えることができるというわけです。

そこで、患者様の満足度を高めるためのさまざまな施策を実施することにしました。

そもそも口コミを向上させるには、サービスの質を高めることが重要だと考えました。

患者様は歯が痛くなり不安な思いで歯科医院にやってきます。それなのに、先生やスタッフに事務的な態度をとらえると、不安が増し、もう二度と行きたくなくなります。

反対に、優しい言葉をかけて丁寧に接してもらうと、安心感を得られ、その病院のファンになります。

治療は他と同じだとしても、接客がいいだけで、患者様が歯科医院から受ける印象は大きく変わります。

私がその先生と話していてわかったのは、歯に衣着せない性格で、相手にはあまり配慮せず、ずけずけと物を言う人だということです。

そういった物言いが好きな患者様もいるかもしれませんが、多くの人は、優しい言葉使いをする先生のほうを好みます。インターネット上にあるほかの歯科医院の口コミを見ても、接客や先生の話し方が丁寧な方が好印象を与えている傾向にあります。

私はそのことを先生に伝え、普段患者さんと接する時に、意識して丁寧な言葉使いで、じっくりとカウンセリングをしてもらうようお願いしました。

と同時に、スタッフにも同様に、ホスピタリティーある接客をしてもらうように依頼しました。求められる接客レベルを体感してもらうために、患者役とスタッフ役に別れてロールプレイングを行い、練習してもらいました。

また毎日医院を開ける前にミーティングを開き、スタッフ間で接客のポイントを再確認するようにしました。これまで、そんなミーティングを実施したことはなかったので、スタッフの意識改革にもつながったといいます。

さらに、歯科医院のミニコミ誌を月に1回発行し、待合室に置いて来院された患者様に手に取ってもらえるようにしました。

誌面には、歯の健康を保つための情報、治療に関する情報などのほか、院長やスタッフの人となりがわかるようなプライベートの情報（たとえば「山登りに行きました」という報告など）も積極的に載せるようにしました。

さらに、ホームページも見直しました。患者様が新たに歯科医院を探す時、まずはグーグルなどでその地域の歯科医院を検索して、ホームページで院内の様子や先生・スタッフがどんな人なのかを確認します。

その時に歯科医院の雰囲気や院長の思いがきちんと伝わるように、ホームページの情報を充実させました。

そのようにして地道に接客レベルを高めることで、患者様の満足度が上がり、口コミサイトなどでの評価も伸びていきました。また、周辺の住民の間でも口コミが広がり、紹介されてきたという新規患者様が増えてきました。

その結果この歯科医院では、サービスを高める→口コミで新規患者も増える、といった好循環が回りはじめ、赤字状態から黒字に転換することができました。

おわりに
コロナの時代の「孫子の兵法」

私は20代の頃から中国古典に興味を持ち、20年前に中国山東省にある曲阜師範大学で講義を受け、メンタルセラピストの資格を取り、占術なども学び、経営書も千冊以上読み、それらの知識を元に多くの人に経営のアドバイスをしてきました。

そのなかで、一番役に立ち、効果的だったのが「孫子の兵法」です。

「孫子の兵法」に関する本は毎年数多く出版されていますが、中小企業経営者や個人事業主にとって本当に役に立つ本を作りたいという思いがあり、本書を執筆しました。

2500年の間、人々の生活や文明は天と地ほど変わりましたが、人間の本質なる部分は少しも変わっていません。だからこそ「孫子の兵法」は今日まで人生の指針となってきました。そして、これから何百年、何千年経っても同じでしょう。

本書制作中の2021年現在、新型コロナにより経済が落ち込み、閉店する店舗や企業の倒産が相次いでいます。私がよく通っていたお店も廃業することになり、残念な思いをしています。

今後世界経済は、かつてのリーマンショックか、それ以上に落ち込むかもしれません。しかし、コロナ禍で事業を縮小したり廃業したりする企業があるなかでも、繁盛し続けている企業・お店はたくさんあります。完璧なまでにコロナ対策をしっかりして経済を動かしている企業・お店は確かにあるのです。

私のところに経営相談にくる経営者の多くは、どうせダメかもしれないと消極的になっている方が多いです。しかし、経営者は絶対に消極的になってはいけません。

マクドナルド・コーポレーションの創業者、レイ・クロックの半生を描いた映画『ファウンダー ハンバーガー帝国のヒミツ』のなかで、クロックが自身の信条としている言葉を発する場面があります。

「世の中に"Persistence"(執念)に勝るものはない。

才能があっても成功できない者はたくさんいる。

〝天才〟でも報われない世の中。

〝学歴〟も賢さを伴うとは限らない。

〝執念〟と〝覚悟〟があれば無敵だ」


このシーンを何百回見たかわかりません。

私自身も辛い時や挫けそうな時は、"Persistence"と言い聞かせました。

大成功している経営者は皆、事業を成功させるための凄まじい"Persistence"があるのです。『孫子』やあらゆる経営ノウハウを実践しても、"Persistence"が弱いと、経営センスや資金や運のあるライバルに勝つことはできないでしょう。

吉田松陰は「孫子の兵法」を熟知し、14歳の時には長州藩主・毛利慶親（敬親）の前で『孫子』の虚実篇を講義し、感嘆した藩主から褒美を賜ったといいます。松陰が書いた私著目録（松蔭の著作一覧）には約30冊の著書が記載され、その中で特に捨てないでほしいと頼んだ著書の1冊が『孫子評注』でした。つまり、松陰にとって『孫子』はバイブルのような存在だったわけです。

乃木希典が生涯で座右の書としたが2冊あり、その内の1冊が吉田松蔭の書いた『孫子評註』でした。乃木希典は、松陰が久坂玄瑞に与えた『孫子評注』を自費で復刻し、松陰の兄・杉民治と松陰神社に贈っているほどです。また、松陰の『孫子評注』に自身の註釈を書いた『松陰先生孫子評註』を出版し、後に海軍大学の教材となりました。

翻って現代では、**ソフトバンクの孫正義**が二十代後半から現在に至るまで、常に経営指針としているのが「孫の二乗の兵法」であり、これを達成すれば本当の統治者になれると断言しています。

吉田松陰、乃木希典、孫正義のように"Persistence"で『孫子』を実践、経営に向かえば必ず成功すると信じています。

『孫子』を愛読していた**ビル・ゲイツ**は、マイクロソフトの経営から一線を退いてビル&メリンダ・ゲイツ財団でポリオ撲滅、貧困国のトイレ、教育問題、気候変動に真剣に取り組んでいます。

世界で長者番付4年連続1位になるまで財を築いたのだから、何もせずに贅沢三昧の日々を送ることも可能なはずですが、そんなことはせず、毎週トートバックいっぱいになるくらいに本を詰め込んで読書をして、人類の危機に立ち向かっているそうです。
ビジネスで従業員、お客様、取引先を幸せにして、社会に大きく貢献するという姿勢は、これこそ経営者の鏡といえます。少しでも追いつけるようにしたいものです。

最後に、本書の刊行にご尽力くださったスタンダーズ社・佐藤孔建様、河田周平様、株式会社アームズエディション・菅谷信一様、株式会社インプルーブ・小山睦男様、小松崎様、合同会社スクライブ・平行男様、株式会社ＰＨＰ研究所松下理念研究部・高橋様、両先生、松陰神社、乃木神社、その他関係者の皆様に、厚くお礼を申し上げます。

２０２１年１月　たなかとしひこ

たなかとしひこ

中国思想研究家、経営コンサルタント、「孫子の兵法活用塾」代表。

通信会社に勤務しながら「孫子の兵法」、論語、風水など中国古典思想の研究成果をブログに発表して人気を集め、コンサルタントとして独立。年間2000件以上のコンサルティング事業に携わり、2009年より「孫子の兵法」によるベースとした経営コンサルティングに集中するようになる。

現在では、飲食店やエステサロン、整体サロン、アパレルショップなど、全国の小規模企業や店舗に対してサービスを提供。全国での講演・セミナー、イベント出演も頻繁に行っている。

『孫子の兵法の活用塾』
https://sonshinoheihou.com/

出版コーディネート　小山睦男（インプルーブ）

構成　平 行男（スクライブ）

ブックデザイン　bookwall

カバーイラスト　ざわとみ

DTP・図版作成　津久井直美

中小企業・個人経営者のための

大逆転できる！孫子のビジネス法則

2021年1月31日　初版第1刷発行

著　者　たなかとしひこ

編集人　河田周平

発行人　佐藤孔建

印刷所　中央精版印刷株式会社

発　行　スタンダーズ・プレス株式会社

発　売　スタンダーズ株式会社

〒160-0008　東京都新宿区四谷三栄町12-4　竹田ビル3F

営業部　Tel.03-6380-6132　Fax.03-6380-6136